EX—LIBRIS

杨饵旻 《太行的早晨》 2012

如装画框请沿此线裁剪

大 自 然 博 物 馆 百科珍藏图鉴系列

海洋动物

大自然博物馆编委会　组织编写

化学工业出版社
·北京·

图书在版编目（CIP）数据

海洋动物 / 大自然博物馆编委会组织编写 . —北京：化学工业出版社，2019.1（2025.1重印）

（大自然博物馆. 百科珍藏图鉴系列）

ISBN 978-7-122-33247-9

Ⅰ.①海… Ⅱ.①大… Ⅲ.①水生动物-海洋生物-图集 Ⅳ.①Q958.885.3-64

中国版本图书馆 CIP 数据核字（2018）第 248205 号

责任编辑：邵桂林　　　　　　　　　　装帧设计：任月园　时荣麟
责任校对：王素芹

出版发行：化学工业出版社（北京市东城区青年湖南街13号　邮政编码100011）
印　　装：北京建宏印刷有限公司
850mm×1168mm　1/32　印张8　字数234千字　2025年1月北京第1版第6次印刷

购书咨询：010-64518888　　售后服务：010-64518899
网　　址：http://www.cip.com.cn
凡购买本书，如有缺损质量问题，本社销售中心负责调换。

定　　价：59.90元　　　　　　　　　　　　　版权所有　违者必究

大 自 然 博 物 馆 百科珍藏图鉴系列

编写委员会

主　　任　　任传军

执行主任　　任月园

副 主 任　　李薾　　王宇辉　　徐守振　　宋新郁

编委（按姓名汉语拼音排序）

安　娜	陈　楠	陈　阳	陈艺捷
冯艺佳	李　薾	李　琦	刘　颖
屈　平	任传军	任　东	任月园
阮　峰	石俊香	宋新郁	王绘然
王宇辉	徐守振	杨叶春	郑楚林
周小川	庄雪英		

艺术支持　　杨伃旻　　宁方涛

支持单位　　北京国际版权交易中心
　　　　　　　海南世界联合公益基金会
　　　　　　　世界联合（北京）书局有限公司
　　　　　　　福建商盟公益基金会
　　　　　　　闽商（北京）科技股份有限公司
　　　　　　　皇艺（北京）文创产业有限公司
　　　　　　　明商（北京）教育科技股份有限公司
　　　　　　　北京趣高网络技术有限公司
　　　　　　　拉普画廊（RAAB）
　　　　　　　艺风杂志社
　　　　　　　深圳书画雅苑文化传播有限公司
　　　　　　　北京一卷冰雪国际文化传播有限公司
　　　　　　　旭翔锐博投资咨询（北京）有限公司
　　　　　　　华夏世博文化产业投资（北京）有限公司
　　　　　　　www.dreamstime.com（提供图片）

项目统筹　　苏世春

总序

人·自然·和谐

中国幅员辽阔、地大物博，正所谓"鹰击长空，鱼翔浅底，万类霜天竞自由"。在九百六十万平方千米的土地上，有多少植物、动物、矿物、山川、河流……我们视而不知其名，睹而不解其美。

翻检图书馆藏书，很少能找到一本百科书籍，抛却学术化的枯燥讲解，以其观赏性、知识性和趣味性来调动普通大众的阅读胃口。

《大自然博物馆·百科珍藏图鉴系列》图书正是为大众所写，我们的宗旨是：

· 以生动、有趣、实用的方式普及自然科学知识；

· 以精美的图片触动读者；

· 以值得收藏的形式来装帧图书，全彩、铜版纸印刷。

我们相信，本套丛书将成为家庭书架上的自然博物馆，让读者足不出户就神游四海，与花花草草、昆虫动物近距离接触，在都市生活中撕开一片自然天地，看到一抹绿色，吸到一缕清新空气。

本套丛书是开放式的，将分辑推出。

第一辑介绍观赏花卉、香草与香料、中草药、树、野菜、野花等植物及蘑菇等菌类。

第二辑介绍鸟、蝴蝶、昆虫、观赏鱼、名犬、名猫、海洋动物、哺乳动物、两栖与爬行动物和恐龙与史前生命等。

随后，我们将根据实际情况推出后续书籍。

在阅读中，我们期望您发现大自然对人类的慷慨馈赠，激发对自然的由衷热爱，自觉地保护它，合理地开发利用它，从而实现人类和自然的和谐相处，促进可持续发展。

前言

　　烟波浩渺的海洋，令人神往，而幽暗的海洋深处更是充满神秘色彩的地方，有许许多多扑朔迷离、令人惊叹的奇观。

　　安徒生《海的女儿》讲述了海公主小人鱼为了追求得到不死的灵魂，放弃了海底自由自在的生活和300年长寿的生命。 BBC自然历史纪录片《深蓝》讲述了一只两岁时就经历生离死别的抹香鲸，一只跨越重洋、终生旅行的抹香鲸，一只目睹人类对海洋的侵略日益扩大的抹香鲸。斯皮尔伯格导演的《大白鲨》讲述了一个度假小镇近海出现一头巨大的食人大白鲨，多名游客命丧其口，当地警长在一名海洋生物学家和一位职业鲨鱼捕手的帮助下决心猎杀这条鲨鱼……

　　无论是虚构还是纪实，从中可窥见人类对神秘的海洋世界充满了探索的渴望。海洋里的资源丰富，物种多样，除了人类常见的珊瑚、水母、扇贝、海龟、海蟹、乌贼等少量海洋动物与植物，海洋里的生物实际上数量究竟有多少？

　　科学家们认为，人类对神秘海洋世界的探索远远不够。20世纪90年代，美国率先开展了海洋生物普查计划（Census of Marine Life，COML），逐渐发展为数十个国家和地区参加，旨在调查世界大洋海洋生物多样性、分布和丰度等。计划的第一期于2001~2010年开展，在已有23万种海洋生物的基础上又增添了2万多种。在所发现的类群中，又以甲壳类、软体动物及鱼类物种丰富度最高，占所有海洋物种的50%以上，原生生物及藻类各占10%。但这些发现远未穷尽海洋中的生物资源，科学家们估计，未知的海洋生物最少还有约210万种。

我国位于亚洲大陆东部，面向太平洋，大陆边缘有渤海、黄海、东海、南海互相连成一片，跨温带、亚热带和热带，海岸线总长度3.2万多千米，海洋资源丰富。我国的海洋生物种类约占全世界海洋生物总种数的10%，数量占50%。

除了海洋工作者和渔业工作者，其他人们近距离接触海洋生物的机会除了去海滨游玩，更多通过参观海洋馆等，那里集旅游、科普、教育于一体，是儿童、成年人了解海洋世界的一个重要窗口。

本书作为科普读物，收录了海洋脊索动物和海洋脊椎动物，涵盖被囊、海绵、腔肠、扁形、环节、软体、节肢、腕足和棘皮动物，以及海洋鱼类、爬行类、哺乳类、鸟类等，总计近200种，介绍其生活环境、形态、习性和繁殖等，充分满足你了解和赏鉴海洋动物的需求。

全书图片600余幅，精美绝伦，文字讲述风趣、信息量大、知识性强，是珍藏版的海洋百科读物，适于海洋生物爱好者和儿童、青少年、成人阅读鉴藏。

　　本书详细讲述了170种海洋脊索动物、海洋脊椎动物的形态、习性等。阅读前了解如下指南，有助于获得更多实用信息。

名称　　　　　　　　　**篇章指示**　　　**科属**　　　**学名**　　　**英文名**

提供中文名称

PART 9　棘皮动物

长棘海星 ▶ 　　长棘海星科，长棘海星属 | *Acanthaster planci* L. | Crown-of-th...

生活环境

提供海洋动物的生境等信息

长棘海星

生活环境： 珊瑚礁附近

海星常以珊瑚为食，使珊瑚生态遭到巨大破坏

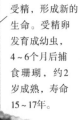

总体简介

用生动方式简介海洋动物，给读者直观了解

　　长棘海星的颜色十分美丽，虽然体色并不鲜艳，但身上的长棘却有多种颜色，如红色、紫色、橙色等，看上去夺人眼球。另外，它的棘很发达且长，故得名。

形态

指导你认识和鉴别多种海洋动物

形态 棘冠海星盘大而平，从体盘辐射的腕对称，成体辐径250～350毫米，最大超过700毫米；皮鳃区为红色；腕8～21个，腕外端棘特别发达，长可达45～50毫米；反口面骨板间隔很一个长棘，棘下部有柄，棘上端十分尖锐；筛板6～8个，表面布满细长刺

习性

介绍海洋动物的活动、食物、栖境

习性 活动：身体十分柔软，活动敏捷有力，可活动的距离很远，常出没富的地区。食物：肉食性，幼虫以珊瑚虫、无柄无脊椎动物和动物尸体等以浮游生物为食。栖境：印度洋和太平洋地区，多栖息在热带珊瑚礁附近

繁殖

提供海洋动物的交配、繁殖、性成熟以及寿命等信息

繁殖 有性繁殖。通过体外受精繁殖，不需要交配；雄性每个腕上有一对量精子排到水中，繁殖期形成受精的水柱；雌性也通过长在腕两侧的卵巢万的卵子。根据不同区域，在北半球5～8月产卵，在南半球11～12月产卵子在水中相遇，完成受精，形成新的生命。受精卵发育成幼虫，4～6个月后捕食珊瑚，约2岁成熟，寿命15～17年。

大棘顶常尖锐淡米色色，或

▶ 　别名：棘冠海星 | 自然分布：印度洋至太平洋地区及我国的南方海域

动物科学分类示例

动物界	Animalia
棘皮动物门	Echinodermata
海星纲	Asteroidea
瓣海星目	Valvatida
蛇海星科	Ophidiasteridae
蓝指海星属	*Linckia*
蓝指海星	*L. laevigata*

图片注释

提供动物的局部图，方便你仔细观察其外形，认识其具体生长特点，以便于增强认知，准确鉴别

图片展示

提供动物的生境图，方便你观察到其自然的生长状态，对整体形象产生认知

二名法

Libellula depressa
Linnaeus, 1758

命名者

命名年份

分布

提供该种动物在世界范围内的简略生长分布信息，并指明在我国的生长区域，方便观察

别名

提供一至多种别名，方便认知

警告 本书介绍海洋动物知识，有些动物有毒，不要随意捕捞、饲养和碰触。

目录

PART 8
腕足动物

PART 7
节肢动物

PART 9
棘皮动物

目录

海洋与环境

地球像一个"大水球"，海洋面积（约为3.61亿平方千米）远远大于陆地面积。地球上有"七大洲"（亚洲、欧洲、北美洲、南美洲、非洲、大洋洲、南极洲）和"四大洋"（太平洋、大西洋、印度洋、北冰洋）。

"四大洋"也泛指地球上所有的海洋。在海洋总体面积中，太平洋占49.8%，大西洋占26%，印度洋占20%，北冰洋占4.2%。

大西洋

大西洋是世界第二大洋，呈"S"形，以赤道为界被划分成北大西洋和南大西洋，气候多样，自极地气候至热带沙漠或雨林气候均见。生物资源丰富。

印度洋

印度洋是世界的第三大洋，位于亚洲、大洋洲、非洲和南极洲之间。平均深度仅次于太平洋，位居第二。大部分位于热带、亚热带范围内，被称为热带海洋，生物资源主要有各种鱼类、软体动物和海兽。

太平洋

世界上最大、最深、边缘海和岛屿最多的大洋，位于亚洲、大洋洲、南极洲和南北美洲之间。气候类型自寒带到热带，生物资源极为丰富。

北冰洋

　　世界最小、最浅以及最冷的大洋，位于地球的最北端，大致以北极圈为中心，被亚欧大陆和北美大陆环抱，近于半封闭。这里气候严寒，极夜漫长，不利于动植物生长，但并非寸草不生、生物绝迹的不毛之地。比起其他几大洋来，生物的种类和数量相对贫乏许多。

认识海洋动物

从海面至海底、从岸边或潮间带至最深的海沟底，都有海洋动物。

它们小到微小的单细胞原生动物，大到长达30多米、重达190多吨的鲸类，不一而足。

海洋到处都是生命，光照的浅层水域里有，黑暗的深层水域里也有。人们通常根据水层深度来划分生物带，自洋面至洋底依次为：

- 海滨底栖带——最大深度在60米以内，包括近岸动物和大部分海藻；
- 光亮带——最大深度在180米以内，属阳光能照亮的部分，栖息在该带的生物包括大量浮游动植物，提供海洋中营养物质的90%；
- 中深带——深度在200~900米，是抹香鲸和乌贼的生活带；
- 深洋带——深度在900~4000米，为黑暗带，是发光动物栖息带；
- 底栖带——深度在4000米以下，栖息着结构原始的动物。

按生活方式划分，海洋动物主要有**海洋浮游动物**、**海洋游泳动物**和**海洋底栖动物**三个生态类型。

按分类系统划分，海洋动物共有几十个门类，可分为**海洋无脊椎动物**、**海洋原索动物**和**海洋脊椎动物**等三大类。

- **海洋无脊椎动物**：占海洋动物的绝大多数，门类最为繁多，主要有原生动物、海绵动物、腔肠动物、扁形动物、纽形动物、线形动物、环节动物、软体动物、节肢动物、腕足动物、毛颚动物、须腕动物、棘皮动物和半索动物等。
- **海洋原索动物**：海洋中介乎脊椎动物与无脊椎动物之间的动物，包括尾索动物和头索动物等。
- **海洋脊椎动物**：包括依赖海洋而生的鱼类、爬行类、鸟类和哺乳类动物。

海洋无脊椎动物

椰树管虫

黄海葵

彩色海兔

珍珠鹦鹉螺

烟囱管海绵

太平洋海刺水母

红棘海星

曼氏无针乌贼

大西洋泥招潮蟹

金黄多果海鞘

火海绵

海洋脊椎动物

北方蓝鳍金枪鱼

粒突箱鲀

大白鲨

绿海龟

草海龙

管海马

蓝斑条尾魟

翱翔蓑鲉

六斑刺鲀

黄斑海猪鱼

黑身管鼻鯙

加州海狮

丽色军舰鸟

银鸥

海鸥

花魁鸟

角嘴海雀

黑剪嘴鸥

海鸠

蓝脚鲣鸟

大贼鸥

白鹈鹕

　　海豚跃出了海面，大家觉得它是在调皮地玩耍，事实上，海豚是在水面换气的海洋动物，每一次换气可在水下维持二三十分钟，当它跃出时其实是在换气。

活动

　　黄色管海绵不能自由活动，常附着固定在深海水域的礁石上，仅能通过体表扁平细胞和孔细胞的收缩而略微改变身体的体积。银鳞乌贼游泳迅速，有时会纵身一跃，飞出海面，也可以在海底附近活动。叶海龙不易游动，经常保持静止不动，只是通过独特的前后摇摆的运动方式伪装成海藻的样子，在水面漂浮。红嘴鸥善飞翔，除繁殖季节登陆产卵育雏外，其余时间均在海洋上飞翔，有时长期跟随渔船飞行，于桅杆上歇息，多单独或成对活动。

　　总之，在海水中和海面上，也是万类霜天竞自由。

觅食

　　黄色管海绵通过排水孔的过滤作用摄取食物，常以水中的浮游植物、浮游动物的碎屑、细菌和其他有机物的颗粒为食。银鳞乌贼肉食性，多以鱼类、软体动物和甲壳类动物为食。叶海龙杂食性，常以小型甲壳类、浮游生物及其他细小的漂浮残骸等为食。红嘴鸥以飞鱼、乌贼、甲壳类及其他无脊椎动物等为食。每种海洋动物都有其食性，通过复杂的精密互动，形成了整体上的海洋生态食物链。

栖息

　　黄色管海绵栖息在日本附近太平洋沿岸水深50～300米的水域，水温一般在10℃左右。银鳞乌贼栖息在加勒比海到佛罗里达州海岸的4～30米水域的珊瑚礁附近，或近海岸0.2～1米的水生植物下方。叶海龙幼体一般生活在较浅的水域，而成体叶海龙则常生活在10米以下的海域，一般栖息深度为4～30米。红嘴鸥几乎出现在所有热带海洋上空，只有繁殖时期才回到岸边的岛屿或陆地，它理想的栖息地是较为陡峭又柔软多沙的地带。

　　海洋，是无数生物的家园。

叶海龙具有拟态外形，游动时像海中的枝叶

（从上至下）

图1：游泳的旗鱼，短距离内游速最快　　图2：枪乌贼游泳迅速，亦可漂浮

图3：拟态章鱼匍匐着，与环境融为一体　　图4：海月水母只会"随波逐流"

图5：南方大海燕在捕食幼年企鹅　　图6：加勒比盒水母刚刚吃进一条鱼儿

图7：寄居蟹为自己找了一只舒适的海螺壳　　图8：美洲鳗鲡从洞中探出头来

海洋生物的交配、繁衍、求偶方式有着千奇百怪的不同。在平静的海面下，在湛蓝色的海底世界里，石斑鱼、章鱼、鲍鱼、鲸们正在寻觅着它们的配偶……

海洋动物形形色色，其求爱与繁衍方式也千奇百怪，除了体外受精，甚至还可以变性——例如，雀鲷科海葵鱼亚科鱼类小丑鱼，是为数不多的雄性可变成雌性、雌性却无法变成雄性的物种。

推荐阅读玛拉·J·哈尔特所著《海洋中的爱与性》。这本书用拟人化的诙谐笔法和科学严谨的写作将科学事实完美融入故事中。从雄性蓝鲸的浪漫情歌，到灵活转变性别的小丑鱼，再到完全生活在雌性体内的雄性食骨蠕虫，颠覆了我们对海洋动物的认识，重新给我们上了一堂生动的生物课。

沙地上的太平洋丽龟雏龟

太平洋鲱鱼鱼苗

相亲相爱的海獭们——一夫多妻制，繁殖比较缓慢，5年才有一胎，通常一胎只有一只，双胞胎和三胞胎是极为罕见的

（从上至下）

图1：两只坚硬雷海牛

图2：两只火烈鸟舌蜗牛正在干什么

图3：一对黑身管鼻鳝

图4：一对加州海狮，繁殖季节5~8月

图5：小丑鱼，赫赫有名的"变性大王"

图6：两条黑环海龙，5~9月繁殖

图7：两条东星斑，已实现人工催情产卵

图8：两只海鸥，每年4~8月营巢产卵

海洋渔场

海洋渔业资源主要集中在沿海大陆架海域，从海岸延伸到水下约200米深的大陆海底部分。这里阳光集中，生物光合作用强，入海河流带来丰富的营养盐类，浮游生物繁盛，给鱼类提供饵料。

从洋流对渔场影响的角度讲，世界上有四大渔场：

北海道渔场

世界第一大渔场。位于日本暖流与千岛寒流交汇处，由于海水密度的差异，密度大的冷水下沉，密度小的暖水上升，使海水发生垂直搅动，把海底沉积的有机质带到海面，为鱼类提供丰富的饵料。主要产鱼类型有鲑鱼、狭鳕、太平洋鲱鱼、远东拟沙丁鱼、秋刀鱼。

纽芬兰渔场

曾是世界四大渔场之一。位于纽芬兰岛沿岸，由拉布拉多寒流和墨西哥湾暖流交汇形成。1534年，西欧航海家约翰·卡波特在寻找西北航道时意外发现这片渔场。渔业产量极其丰富，有着"踩着鳕鱼群的脊背就可上岸"之美名。20世纪五六十年代大型机械化拖网渔船开始在渔场作业后，该渔场渐渐消亡，90年代后已不可见。

警告：海洋污染使得海洋鱼类食用了一些有毒物质，譬如细小的塑料物等，这些有毒物质又通过鱼、虾、蟹肉形式回到人类的餐桌，所以污染海洋最终伤害的是人类自己。

大西洋鲑

大西洋鳕鱼

梭鲈

樱鳟

沙丁鱼

瘤棘鲆

北海渔场

世界四大渔场之一。处于北大西洋暖流与来自北极的寒流交汇处。寒、暖海流交汇时产生涌升流，使海水不断从下层涌到表层，下层腐解的有机质等也被带到表层，让这一海区水质肥沃，形成北海高产渔区。年平均捕获量300万吨左右，约占世界捕获量的5%，鲱鱼和鲐鱼几乎占总捕捞量的一半，其他有鳕鱼、鳖鱼和比目鱼等。还盛产龙虾、牡蛎和贝类。

秘鲁渔场

世界著名渔场。秘鲁沿岸有强大的秘鲁寒流经过，在常年盛行西风和东南风的吹拂下，发生表层海水偏离海岸、下层冷水上泛的现象，使水温显著下降，并带上大量的硝酸盐、磷酸盐等营养物质；加之沿海多云雾笼罩，日照不强烈，利于沿海浮游生物大量繁殖。水产资源丰富，盛产鳀鱼等八百多种鱼类和贝类。

北梭鱼

大海鲢

大西洋鲑

世界自然保护联盟濒危物种红色名录
IUCN Red List of Threatened Species（IUCN）

这是全球动植物物种保护现状最全面的名录，也被认为是生物多样性状况最具权威的指标。它根据物种数目下降速度、物种总数、地理分布、群族分散程度等准则分类，把物种保护级别被分为9类：

EX 绝灭　EW 野外绝灭　CR 极危　EN 濒危　VU 易危　NT 近危　LC 无危　DD 数据缺乏　NE 未评估

警告：海洋污染、过度捕捞，导致许多近海渔业资源衰退，一些渔场和渔汛逐渐消失，曾经常见的鱼种和海洋动物也消失踪影。

PART 1
036页

被囊动物

金黄多果海鞘

生活环境：潮汐地带、5～50米水域

金黄多果海鞘的身体外面常常裹着一层类似植物纤维素的囊鞘，这就使它的身体得到了很好的保护。它常常给人们生活带来一些不便，喜欢粘在船舰底部，所以会影响船只速度，消耗油量，还会堵塞水下管道，影响水流畅通，给人类的生活造成不便。

形态 金黄多果海鞘的身体外部高度5～15厘米，身体内部高度2～6厘米，身体呈壶形，中空，体色为白色，其上带有紫色和橘黄色的斑块及紫色的细线；身体内部的颜色为黄色或橘黄色，其内部的颜色可见；身上带有两个虹吸管，为螺旋形，一个位于身体的顶端，另一个则位于身体的另一端。

习性 **活动：**幼体可以在水中自由游动；成体营固着生活，常附着于船舰底部或是下水管道。**食物：**常以水中的浮游植物、浮游动物、细菌和其他有机物的颗粒为食。**栖境：**热带、亚热带的海洋中，从潮汐到5～50米的海域中都有分布。

繁殖 雌雄同体、异体受精的动物，精子与卵子直接排入水中或在围鳃腔内受精；自卵受精后，通常在几小时或几天后发育成幼体，幼体的尾部具有脊索构造，可以自由游动，其外形如蝌蚪般，因而又称为"蝌蚪体"；经过一段时间后，它们会选择适当的环境降落与附着，以进行变态，最后发育为成体。

外层囊鞘使它看上去像一个带有紫色和橘黄色斑纹的漂亮水壶，大大提高了人们对它外貌的喜爱度

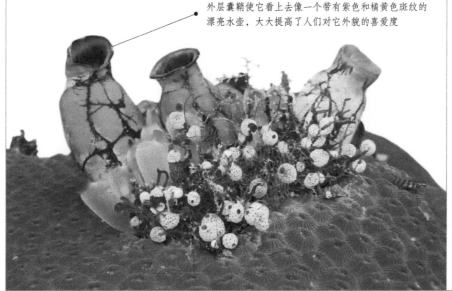

PART 2
038~044页

海绵动物

火海绵 ▶ 苔海绵科，苔海绵属 ｜ *Tedania ignis G.* ｜ Fire sponge

火海绵

生活环境： *浅且水流较缓的热带水域*

　　火海绵与其他海绵动物相比有过人之处：当你触碰到它时，你会产生灼热感并产生红疹，人们也正是根据它的这一特点，将它命名为"火海绵"。

形态 火海绵的身体表面常覆盖有排水孔或一些坚硬的基质外壳；这层外壳一般1厘米厚，垂直高度可达30厘米，长度0.5～2米；排水孔直径3.5～14.0微米，位于视锥细胞的顶端；在其体壁的内侧长有骨针，骨针长50～270微米，宽3.2～9.8微米。

习性 **活动：** 成体不能行走，常附着固定在浅海水域的礁石上，仅能通过体表扁平细胞和孔细胞的收缩而略微改变身体的体积；幼体的火海绵具有鞭毛，可以游到特定的位置定居下来，每秒可游动几毫米。**食物：** 常以水中浮游植物、浮游动物的碎屑、细菌和其他有机物颗粒为食。**栖境：** 热带流速较缓慢的浅水域中，一般在水下深度为0.5～2米的珊瑚礁上较隐秘的位置固着，也可以生活在红树林的根部。

繁殖 雌雄同体，繁殖方式有无性生殖和有性生殖，生殖期为每年4～8月，每次产15～20个后代。无性生殖是以出芽生殖为主。有性生殖时受精卵发育在体内进行。

表面十分粗糙，呈明亮的红色或橘黄色 •

生殖方式常随环境的变化而改变，无性生殖时，出芽时亲本的变形细胞、一些原细胞由中胶层迁移到母体的顶端表面聚集成团，然后发育成小的芽体，随后脱落到底部发育成新海绵

海绵

生活环境： *海水、淡水*

　　海绵是世界上结构最简单的多细胞动物，既没有头也没有尾，没有躯干和四肢，更没有神经和器官，但群体颜色十分丰富多彩，体型也多种多样，最小的不过几克，大的却有45千克，最大的可长达4.2米。

形态 生活状态的海绵单体颜色大多为暗灰色；全身布满小孔，孔内长着许多鞭毛和一个筛子状的环状物，且身体十分柔软；海绵群体的外形变化很大，一般呈角锥形、盘形、高脚杯状、球状、扇状、管状、瓶状、壶状、树枝状等，有些海绵表面还会形成许多流线型的纹路。

习性 **活动：** 不能行走，常附着固定在海底礁石上，仅通过体表扁平细胞和孔细胞的收缩而略微改变身体体积。**食物：** 常从流过身边的海水中获取食物，一般以水中浮游植物、浮游动物的碎屑、细菌和其他有机物颗粒为食。**栖境：** 海水中，少数生活在淡水里；有的喜欢穴居，常在鲍鱼和牡蛎的壳上到处钻洞，然后在它们的壳上寄居下来。

繁殖 雌雄同体，繁殖方式有无性生殖和有性生殖两种。无性生殖是以出芽生殖为主。有性生殖时，精子与卵常不在同一时期成熟，精子成熟后随水流排出体外，并随水流进入其他个体的鞭毛室，再进入领细胞，这时领细胞失去领及鞭毛，携带精子到中胶层与卵融合而成受精卵；受精卵发育在体内进行。

海绵群体的大小变化可以由数毫米到数米之间

巨型桶状海绵 ▶ 石海绵科，锉海绵属 | *Xestospongia muta S.* | Giant barrel sponge

巨型桶状海绵

生活环境：热带沿海地区的珊瑚礁环境

　　巨型桶状海绵可用"姿态万千"来形容，但最多见的是呈桶状，而且是一个体积非常大的"桶"，高度可达1米多，重量比多数底栖无脊椎动物都大，生长十分缓慢，寿命非常长，长达2300年之久，正因如此，有很多人又称它为"暗礁上的红杉"。

形态 巨型桶状海绵的直径大约1.8米，高约1米，表面常呈棕灰色至红色，且十分粗糙，其上还带有一层坚硬的基质，在其顶端有一个排水孔，其截面通常为锥形，也可以是椭圆形或一些不规则的形状，这是根据水域的水流环境而定的。

习性 活动：不能自己行走，常附着固定在浅海水域的礁石上，仅能通过体表扁平细胞和孔细胞的收缩而略微改变身体的体积。**食物：**通过排水孔的过滤作用摄取食物，常以水中的浮游植物、浮游动物的碎屑、细菌和其他有机物颗粒为食。**栖境：**热带沿海地区有珊瑚礁大量存在的地方，常生活在较深的水域中，在水下的深度为10～30米。

繁殖 雌雄同体，繁殖方式为有性生殖，生殖期随地域的变化而变化，常在每年晚春至秋季，每年至少繁殖两次。有性生殖时，精子与卵子常在同一时期通过排水孔释放到水中，精子随水流进入其他个体形成受精卵；受精卵的发育是在体内进行的；受精卵经进一步发育形成幼体，释放入水中，然后在特定的部位固着，逐渐发育为成体。

形状多种多样，
但通常呈桶状

烟囱管海绵

生活环境：浑浊水中、较深的海底

这种长管状的结构
非常类似于烟囱

烟囱管海绵的结构非常简单，不具有身体的一般结构，颜色非常美丽，是淡淡的紫色，且呈长管状，常常聚集存在，就像海底的"薰衣草"。

形态 烟囱管海绵的形状呈长管状，管状结构的高度可达1.5米多，厚度可达0.76米，类似于烟囱，这种管状结构非常坚韧，外表面较为粗糙，表面的颜色常呈浅紫色、灰色，或棕色；其上端有一个横截面为圆形的排水孔；这些管状的烟囱管海绵常聚集在一起存在。

习性 **活动：**成体不能自由活动，常附着固定在海底礁石上；幼体可以游动，然后在海底合适的位置固着。**食物：**常从流过身边的海水中获取食物，一般以水中的浮游植物、浮游动物的碎屑、细菌和其他有机物颗粒为食。**栖境：**深海海域中，较喜欢浑浊的环境。

繁殖 雌雄同体，繁殖方式有无性生殖和有性生殖两种。无性生殖以出芽生殖为主。有性生殖时，精子与卵子在体内结合受精，然后逐渐发育为幼体，随即释放入水中；幼体可以游动，然后在适宜位置固着下来。

黄色管海绵

***生活环境：**40米以下的深水域的礁石上*

黄色管海绵的身体形态呈柱形管状，这些管并不是很长，它们在水中的颜色通常是棕黄色或黄绿色，管的直径很小，看上去就像是一根根细的水管。

形态 黄色管海绵的体型较大，身体上长有一个或者多个柱形管，这些管都是从底部开始，长约50厘米，管的直径约8厘米，管的表面平滑或有一些锥形的突起；每个柱形管的顶端都会变窄形成一个排水孔，排水孔的周围有一圈小的、指状的突出部位，也会存在一些卷须状、细长的突出部分，长度通常会超过柱形管的长度。

习性 **活动**：不能自由活动，常附着固定在深海水域的礁石上，仅能通过体表扁平细胞和孔细胞的收缩而略微改变身体的体积。**食物**：通过排水孔的过滤作用摄取食物，常以水中的浮游植物、浮游动物的碎屑、细菌和其他有机物颗粒为食。**栖境**：水深40米以上的礁石上，尤其是表面倾斜的礁石或垂直的石壁。

繁殖 雌雄同体，繁殖方式有无性生殖和有性生殖两种。无性生殖是以出芽生殖为主，出芽产生的芽体脱落到底部发育成新海绵。有性生殖时，精子成熟后随水流排出体外，并随水流进入其他个体的鞭毛室，再进入领细胞，这时领细胞失去领及鞭毛，携带着精子到中胶层与卵融合而成受精卵；受精卵逐渐发育为幼体，幼体可以游动，然后在适当的位置固着发育为成体。

PART 3
046~066页

腔肠动物

太阳花珊瑚　▶　树珊瑚科，管星珊瑚属　| *Tubastraea coccinea* L. | Orange cup coral

太阳花珊瑚

生活环境：热带水深20米以上的水域中隐蔽处、较浅
水域的珊瑚礁边缘

太阳花珊瑚的身体结构十分简单，没有头与躯
干之分，它长得十分美丽，晚上会摆动迷人的半透
明金黄色触手，展示优美的身姿。

形态 太阳花珊瑚身体由2个胚层组成：位于外
面的细胞层称外胚层，位于内侧的细胞层称内
胚层，内外两胚层之间有很薄的、没有细胞结构
的中胶层；它的体型较大，颜色通常为明亮金黄色。

习性 活动：不能自由活动，常附着固定在先辈珊瑚的石灰质遗骨堆上。**食物**：常
以水中浮游植物、浮游动物碎屑、细菌和其他有机物颗粒为食。**栖境**：热带环境
中，常生活在水中垂直、隐蔽的平面上或非常深的洞穴中，水域环境一般为水温
23~25℃、海水相对密度1.022、光照10000~30000流明的中光带。

繁殖 雌雄同体，繁殖方式有无性生殖和有性生殖。无性生殖以出芽生殖为主；有
性生殖时，精子与卵子在水中结合形成受精卵，逐渐发育为幼体，随即释放入水
中；幼体可以游动，数日至数周后固着于固体表面上发育成成体。

常呈群体存在，聚
集成一个半圆球形
软垫状，其外侧具
有萼冠状的外骨骼

▶　别名：短管星珊瑚　| 自然分布：太平洋海域

气泡珊瑚

生活环境： *水深30米以内且水流较缓的水域*

气泡珊瑚十分漂亮，身体表面看上去有很多晶莹剔透的泡泡，故得名。

形态 气泡珊瑚的群体一般呈现倒圆锥形，由许多囊泡组成，囊泡直径约2.5厘米；若群体较小，则是单中心的，若群体数量较大，则是多中心的；这些囊泡隔膜边缘是平滑的，但排列不整齐；在一些较年轻群体中，常存在伸长的骨针。

习性 **活动：** 不能自由活动，常附着固定于先辈珊瑚的石灰质遗骨堆上；成体夜行性，入夜后会伸出像海葵般的触手捕食。**食物：** 营养由体内的共生藻进行光合作用产生有机碳化合物来供应，也以浮游生物、鱼类、贝类为食。**栖境：** 太平洋、大西洋、加勒比海沿岸等水深30米以内的水域，这些水域的水流常较缓。

繁殖 卵子和精子由隔膜上的生殖腺产生，经口排入海水中，受精发生于海水中，仅发生于来自不同个体的卵和精子之间；受精卵发育为覆以纤毛的浮浪幼虫，能游动；数日至数周后固着于固体表面上发育成水螅体；也可以通过出芽方式繁殖。

泡泡的膨胀和扩张都需要光，白天时变大，呈现出白色或黄色气泡状，一颗颗晶莹剔透地展开着，很像气泡、珍珠或葡萄

夜晚时，泡泡的表面会变小，像泄了气一样，可以看见它们有一个硬的骨架

红扇珊瑚

生活环境：水深15～20米的浅礁上

　　红扇珊瑚长得十分像一棵坚挺又多姿的枫树，尤其是红色的红扇珊瑚，特别像是秋天红了的枫树，十分美丽动人；树状的红扇珊瑚实际上是由一个个分支的扇形结构组成，所以，人们根据它的这一特点，将它命名为"红扇珊瑚"。

形态 红扇珊瑚的长度可达到20厘米甚至更长，颜色较为多样，较为典型的颜色是红色，也可以呈暗黄色、橘色或白色；外表面上存在着坚硬的骨骼，外面覆盖着一层柔性膜；主干的骨骼和分支结构通过一个膨大的结构相连，连接处十分灵活，由角状物质组成；内外胚层之间的中胶层中存在有骨针或骨片。

习性 活动：不能自由活动，常附着固定先辈珊瑚的石灰质遗骨堆上。**食物**：营养由体内的共生藻进行光合作用产生的有机碳化合物来供应，也以浮游生物、鱼类、贝类等为食。**栖境**：太平洋海域、中国台湾和印度尼西亚之间的中国南海水深15～20米的浅礁上，适于水温16～18℃、阳光充足的环境。

繁殖 无性繁殖，即通过出芽的方式生殖；芽形成后不与原来的水螅体分离；新芽不断形成并生长，于是便繁衍成了一个群体，新的水螅体生长发育时，其下方的老水螅体虽然死亡，但骨骼仍留在该群体上。

常呈群体存在，呈树状，通常在同一个平面内生长，会有一个扇形分支结构

八字脑珊瑚

生活环境：热带浅水域

八字脑珊瑚同其他珊瑚一样，结构非常简单，没有头和躯干之分，没有中枢神经系统，只有一些简单的弥散神经，常以群体存在，颜色十分多样，有墨绿色、浅红色甚至蓝色等，而且拥有各种绚丽的绿色或红色荧光或一些交错的色彩，以及一些中间色彩。

形态 八字脑珊瑚同其他珊瑚一样，常呈群体存在，长度约5厘米，群体常由海葵状的水螅体组成，形态类似于一个倒着的动物的脑，颜色较为多样，可以呈墨绿色、浅红色等；水螅体可以分泌碳酸钙以覆盖在水螅体的外表面形成外骨骼，当这些外骨骼连在一起时便形成了珊瑚群体。

习性 **活动**：不能自由活动，附着固定在先辈珊瑚的石灰质遗骨堆上，夜行性，常在夜间出来捕食。**食物**：营养由体内的共生黄藻的光合作用产生有机碳化合物来供应，也以浮游植物、浮游动物、小型鱼类及一些小有机颗粒等为食。**栖境**：主要生活在印度洋、红海及澳大利亚的温暖浅海水域的多沙或具有淤泥的底部。

繁殖 无性繁殖，即通过出芽方式生殖；芽形成后不与原来的水螅体分离；新芽不断形成并生长，于是便繁衍成了一个群体，新的水螅体生长发育时，其下方的老水螅体虽然死亡，但骨骼仍留在该群体上。

外观十分有趣，骨架最初是锥形的，随着身体不断长大，越来越明显地呈现出"8"字形 ●

海团扇　▶　柳珊瑚科，柳珊瑚属　| *Gorgonia flabellum* L. | Venus sea fan

海团扇

扇面就是外骨骼，由方解石和胶原质共同形成

生活环境： 水深不超过10米的浅水域

海团扇的群体形态十分美丽，看上去就像一把边缘不太规则的"芭蕉扇"，基部小小的，就像扇柄，通过"扇柄"向上分出几个分支，形成"扇面"。由于它扇形的外表，故得名。

形态 海团扇常以群体存在，在一个平面内呈带有分支的扇形，但边缘并不是十分整齐且十分坚硬。

习性 活动：不能自由活动，常附着固定在先辈珊瑚的石灰质遗骨堆上，可以伸出它的8只触手捕食周围环境中的浮游生物。食物：营养由体内的共生藻类光合作用产生的有机碳化合物来供应，也以浮游植物、浮游动物、小型鱼类及一些小有机颗粒等为食。栖境：巴哈马群岛的浅水域环境中，水深不超过10米，并且水流较为汹涌。

繁殖 雌雄同体，有性繁殖。卵子和精子由隔膜上的生殖腺产生，经口排入海水中，受精发生于海水中，仅发生于来自不同个体的卵和精子之间；受精卵的发育在体内进行，经一段时间发育为覆以纤毛的浮浪幼虫，能游动；数日至数周后固着于固体的表面上发育成水螅体。

身体颜色多样，体长60~100厘米

底部的生长点非常小

黄海葵

体的顶端为口盘，口位于口盘中央，边缘环生数圈触手

生活环境：海岸线的沙滩或岩石上

黄海葵看上去更像一种植物，它口盘边缘的触手颜色鲜艳，数量非常多，还可以伸缩，特别像常见的向日葵花，故得名。

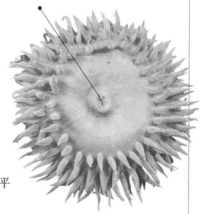

形态 黄海葵多数为中等大小，体高30～90毫米，体宽30～70毫米。体色变异较大，上部为灰褐色或灰绿色，下部为黄褐色或肉色。体壁上有疣状吸盘，上部比下部多，下部近平滑，吸盘上常吸有小沙或碎壳。

习性 **活动**：常附着固定在泥沙或岩石上，偶尔也可以通过底盘进行小范围缓慢移动。**食物**：常以周围环境中的海胆、贻贝、小型鱼类及一些小有机颗粒等为食。**栖境**：常固着生活在有水流过的海岸线沙滩或岩石上或水深大于15米的水域中。

繁殖 雌雄异体，有性生殖。晚秋时节进行繁殖，行体外受精，精子和卵子结合形成受精卵，逐渐发育成幼体；幼体可在水中游动，行浮游生活，直到分散到贝壳层，并在其上固着，渐渐发育为成体。

体态多变，伸展时呈圆筒形

▶ 别名：海菊花、海腚根、沙筒 | 自然分布：海岸线的沙滩或岩石上

拳头海葵

生活环境：浅水地带的石缝、岩洞

　　拳头海葵的形态特殊，通常根据在水下的位置表现出两种形态，一种是梨形，看上去有点像一个奶嘴，另一种是拳头形，故也被称为"奶嘴海葵""拳头海葵"。

形态 拳头海葵直径约30厘米，可以单体形式存在，但多数以群体形式存在。没有骨骼，肉质丰富，外形似拳头或梨形，本身呈透明或半透明状。具有口盘，口盘中央为口，周围有触手，少的仅十几个，多的达数十个以上。

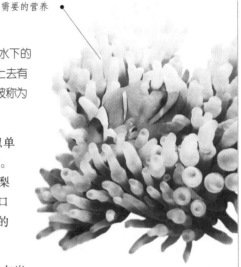

本身透明，体内的共生藻赋予其绚丽的外表和生长所需要的营养

习性 **活动**：基盘用于将自己固着在岩石、珊瑚礁上，也可以缓慢移动，能以触手在水中缓慢游泳或翻身。**食物**：通过体内的共生藻光合作用产生的有机化合物来供给营养，也以周围的海胆、贻贝、小型鱼类及小有机颗粒为食。**栖境**：以整体群居方式栖息在阳光充足的浅水地带。

繁殖 雌雄异体，有性生殖。晚秋时节进行繁殖，行体外受精，精子和卵子在水中结合形成受精卵，逐渐发育为幼体；幼体可在水中游动，直到分散到贝壳层，并在其上固着，渐渐发育为成体。

触手上布满刺细胞，顶端呈气泡状，也会因压缩而呈球形或梨形

很少迁往深水区，需要石缝或岩洞以固着及隐藏

公主海葵

身体圆圆的，像一个"圆桶"，摸上去十分柔软

生活环境： 较温暖海洋的珊瑚礁上，水深1~50米

公主海葵长得十分美丽，颜色多得令人眼花缭乱，从翡翠绿色逐渐变化到棕绿色，从白色渐变到天蓝色或紫色。

形态 公主海葵不具骨骼，以息肉花形式存在，身体呈圆柱状，直径可达90厘米。躯体色泽鲜艳，从翡翠绿到棕绿，从白色到天蓝色、紫色等。身体表面平滑或有气泡状突起，突起呈纵横双向排列。口周围为口盘，口盘黄色，棕色或绿色，常稍微升高，以使嘴伸出；口盘周围有几圈触手。

习性 活动：基盘固着在岩石、珊瑚礁上，也可缓慢移动，以触手在水中缓慢游泳或翻身。食物：肉食性，以小鱼、虾、等足类动物、片脚、贻贝、海胆和浮游生物为食。栖境：1~50米深处的海洋珊瑚礁上，水域环境温暖、清澈且水流较强。

繁殖 雌雄异体，可以行无性繁殖，也可以行有性生殖。有性生殖时，精子和卵在海水中受精，受精卵在体内发育成浮浪幼虫，然后释放入海中；无性繁殖的个体较少，无性生殖时，亲本在基盘上出芽，然后发育出新的海葵。

附于海中岩石或其他物体上的一端为基盘，另一端为口，呈裂缝形

身体顶端有很多触手，颜色多种多样，既可以用来捕食，又可以御敌，触手约75毫米长，最常见浅棕色、略肿大或呈灯泡状的手指形触手

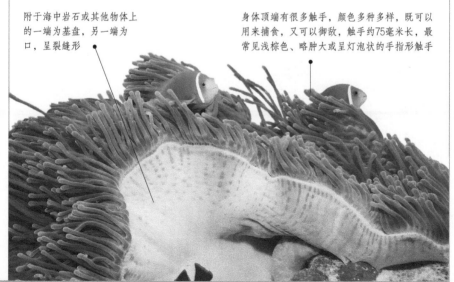

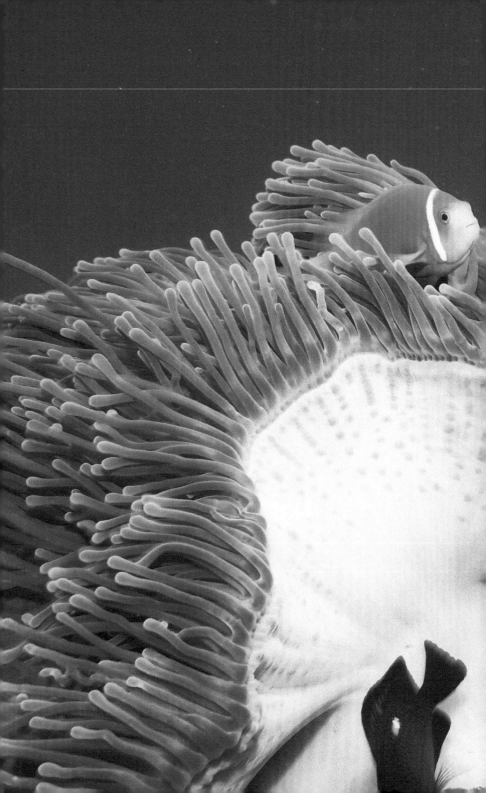

地毯海葵 ▶ 地毯海葵科，地毯海葵属 | *Stichodactyla mertensii B.* | Mertens' carpet sea anemone

地毯海葵

生活环境*:* 光照良好、水流适当的海洋珊瑚礁上

地毯海葵是海洋中一类较大的海葵，圆筒形的躯体极富弹性，常以群体形式存在，颜色一般为暗色调，上面带有一些斑点。

形态 地毯海葵体型硕大，直径一般大于1米。身体为暗色调，但当有单细胞藻类共生时，身体颜色会发生改变；躯体下部是白色，其上带有红橘色或紫色斑点，上部是灰色或灰绿色，其上布满肉瘤。体长约为1.5米。顶端的口盘附近满布触手，形状都是钝状，呈手指形，颜色为褐色，长度1~2厘米；底盘颜色为白色。

习性 **活动**：基盘用于将自己固着在岩石、珊瑚礁上，也可以缓慢移动，能以触手在水中缓慢游泳或翻身。**食物**：肉食性，以小鱼、虾、等足类动物、片脚、贻贝、海胆和浮游生物为食。**栖境**：印度洋及红海的珊瑚礁或软质底地区，如岩石、泥沙等，这些水域有较强的光照和良好的水流。

繁殖 **雌雄异体**，可以行无性繁殖，也可以行有性生殖，有性生殖时，精子和卵在海水中受精，受精卵在体内发育成浮浪幼虫，然后释放入海中，幼虫可以游动，游到合适的岩石或珊瑚礁上固着，逐渐发育为成体；亲本在基盘上出芽，然后发育出新的海葵，老的海葵死亡，但是可以留下遗骸以供新的海葵附着。

顶端的口盘附近有很多触手，很短，当群体很大时，俯瞰上去就像毛茸茸的地毯，故得名

▶ 别名：不详 | 自然分布：热带、亚热带水域，如印度洋、太平洋海域，科摩罗群岛等

樱花海葵

生活环境：浅海到水深100米水域岩石或珊瑚礁缝
隙中

樱花海葵常以群体形式存在，当很多连在一
起时，常会让人惊叹。它常为红色或绿色，以亮
红色居多，交错排列，就像一朵美丽的樱花。它
的触手很短，又很浓密，看上去毛茸茸的。

形态 樱花海葵整体呈半球状，躯体呈圆柱形，
高度不超过5厘米，却可以伸展到15厘米长。颜色
在绿色及红色之间变化，其上具有红色的纵向长条
纹及乳状肉突。身体顶端有口，口部呈红色、绿色或黄色；口盘周围存在触手，
触手很短、非常浓密，尖端呈亮红色、亮绿色或乳白色，亮红色居多。

习性 **活动：**基盘用于将自己固着在岩石、珊瑚礁上，也可以缓慢移动，能以触手
在水中缓慢游泳或翻身。**食物：**食性广泛，以小鱼、虾、等足类动物、片脚、贻
贝、海胆和浮游生物等为食。**栖境：**既可以生活在浅水域中，又可以生活在水深
100米的深海中，它们常在岩石或珊瑚礁的缝隙中固着。

繁殖 雌雄异体，可以行无性繁殖，也可以行有性生殖。有性生殖时，精子和卵是
在海水中受精，受精卵在体内发育成浮浪幼虫，然后释放入海中，幼虫可以游动，
游到合适的岩石或珊
瑚礁上固着，逐渐发
育为成体。无性繁殖
时，亲本在基盘上
出芽，然后发育出新
的海葵，老的海葵死
亡，但可以留下遗骸
供新海葵附着。

| 等指海葵 | ▶ | 海葵科，海葵属 | *Actinia equina* L. | Beadlet anemone |

等指海葵

生活环境： 浅海水域岩石阴暗处或洞穴中、
海岸周围岩石上

　　等指海葵十分聪明，它可以做一些很精
细的选择，比如，当面临战斗时，存在两个
选择：战斗，或逃跑，前者需要战斗者有足
够的力量承担风险，后者则为了保存体力。
当两只等指海葵相遇争夺领地时，会选择用触
角的刺丝囊向对手喷射毒液，并将刺留在对方皮
肤上。它的毒液毒性非常强，能使敌人血压快速下
降、心率减慢、呼吸抑制，甚至导致死亡。

别看我体型小，我可不是好惹的

形态 等指海葵体型小，全长约2厘米，身体呈圆柱形，颜色变化较大，可以呈深
乳黄色、深红色、红褐色或玫瑰红色。身体非固着端为口，口盘呈淡紫红色或红褐
色，口缘呈淡乳黄色；口盘周围存在的192只触手排列为6圈，触手呈深红色或红褐
色，有的色淡，呈乳黄色或粉红色。

习性 **活动：** 基盘用于固着在岩石、沙滩上，也可以缓慢移动，能以触手在水中缓
慢游泳或翻身。**食物：** 小鱼、虾、等足类动物、片脚、贻贝、海胆和浮游生物等。
栖境： 浅水域的岩石缝隙或隐蔽的洞穴中，也可以生活在海岸附近沙滩或岩石上。

繁殖 有性生殖，
卵胎生。有性生殖
时，精子和卵在体
内受精，有约100
个受精卵，受精卵
在体内发育成浮浪
幼虫，然后释放入
海中。幼虫行浮游
生活，可在水中游
动，游到合适的岩
石或珊瑚礁上固
着，逐渐发育为
成体。

| ▶ | 别名：不详 | 自然分布：地中海、大西洋东部及苏格兰北部 |

海蜇

生活环境： 弱光环境的温暖海域

海蜇经常出现在餐桌上，也可以入药。它分为两个部分，即伞部和口腕，伞部是人们喜爱吃的"蜇皮"，口腕即俗称的"蜇头"，营养丰富，集美味与营养为一体！

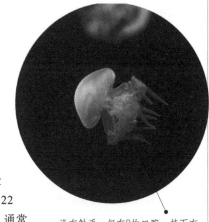

形态 海蜇体形呈蘑菇状，分为伞部和口腕两部分。上面呈伞状，直径约50厘米，最大可达1.5米；伞缘有八个缺刻，各有14～22个舌状缘瓣，胶质较坚硬，表面十分光滑，通常呈红色，但也有其他颜色。口腕与吸盘的次生口在口腕基部融合，以致口消失。

没有触手，但有8枚口腕，其下有150～180条丝状物和30～40条棒状物，呈灰红色

习性 **活动：** 可在水中游动或漂浮在海面，常在风平浪静、多云、阴天或黎明、傍晚时浮在水的上层或表面。**食物：** 小型浮游甲壳类、硅藻、纤毛虫以及各种浮游幼体。**栖境：** 近岸水域，尤其喜居河口附近，分布区水深一般5～20米，有时也达40米，适宜水温13～26℃、盐度1.2%～1.4%、光强度2400勒克斯以下。

繁殖 生殖方式包括营浮游生活的有性世代和营固着生活的无性世代水螅型，两种生殖方式交替进行，即世代交替生殖，生活周期需历经受精卵→囊胚→原肠胚→浮浪幼虫→螅状幼体→横裂体→碟状体→成蜇等主要阶段。有性世代是指卵在体内受精的有性生殖过程；另外，螅状幼体还会生出匍匐根不断形成足囊，甚至横裂体也会不断横裂成多个碟状体，以增加其个体的数量，这个过程为无性世代。

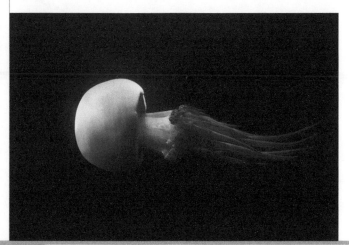

珍珠水母 ▶ 硝水母科，珍珠水母属 | *Phyllorhiza puncata K.* | Australian spotted jellyfish

珍珠水母

生活环境：温暖的浅水域，尤其是近海岸线附近

珍珠水母长得美丽温顺，其实十分凶猛，在伞状体下面，细长的丝状物上布满了刺细胞，像毒丝一样，能够射出毒液，刺蜇猎物，使其迅速麻痹而死。

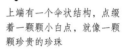

上端有一个伞状结构，点缀着一颗颗小白点，就像一颗颗珍贵的珍珠

形态 珍珠水母体形似蘑菇，分伞部和口腕两部分。上面呈伞状，直径约50厘米，最大可达72厘米，伞缘有八个缺刻，胶质坚硬。表面十分光滑，通常为蓝绿色，分布着小白点。伞缘没有触手，但具8枚口腕，口腕与吸盘的次生口在口腕基部融合，以致口消失。

习性 **活动：**可在水中游动或漂浮在海面，通过收缩外壳挤压内腔，改变内腔体积，喷出腔内的水来推进水母的移动。**食物：**肉食性，多以浮游动物为食，如小型浮游甲壳类、纤毛虫以及各种浮游幼体等。**栖境：**近岸水域，尤喜居海岸线附近，这些水域比较温暖，水温范围在18～25℃。

繁殖 生殖方式包括营浮游生活的有性世代和营固着生活的无性世代水螅型，两种生殖方式交替进行，即世代交替生殖，生命周期历经幼体和成体两个阶段。有性世代是指卵在体内受精成为受精卵的有性生殖过程，受精卵发育为幼体，然后从体内释放入海中。另外，水母的螅状幼体还会经历两年在海底固着的无性世代过程。

海月水母 ▶ 羊须水母科，海蜇属 | *Aurelia aurita* L. | Moon jellyfish

海月水母

生活环境： 水流稳定的温带海洋

　　海月水母的长相美丽可人，具有较高的观赏价值。我国青岛海底世界实验室经过研究，成功地人工繁殖出海月水母。

形态 海月水母通体透明，有呈伞状的膜及连于底部的触手；伞状体直径约40厘米，伞缘有八个缺刻，胶质较坚硬。表面十分光滑，颜色透明；伞缘没有触手，但具有8枚口腕，口腕与吸盘的次生口在口腕基部融合，以致口消失，口腕下面有许多触手。

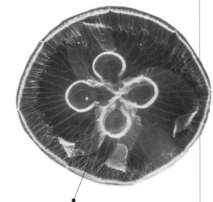

上方的伞状结构薄膜晶莹剔透，像一轮圆圆明月，有"海洋中的小太阳"之称

习性 **活动：** 在水中游动或漂浮在海面，通过收缩外壳挤压内腔，改变内腔体积，喷出腔内的水，来推进水母的移动。**食物：** 多以浮游生物为食，如软体动物、甲壳类、被囊动物幼虫、轮形动物门、幼生多毛纲、原生动物、硅藻、鱼卵及其他细小生物。**栖境：** 北纬70°至南纬40°的温带水流稳定的海域、近岸、河口及海港，水温6～31℃的海水。

繁殖 生殖方式包括营浮游生活的有性世代和营固着生活的无性世代水螅型，两种方式交替进行，即世代交替生殖，生命周期历经水母体→浮浪幼虫→钵口幼虫→横裂体→碟状幼虫→水母体。有性世代是指卵在体内受精成为受精卵，受精卵发育为幼体，从体内释放入海中的有性生殖过程；浮浪幼体有细小的纤毛细胞，可以浮游一日之久，接着会在适当的底层定居，并转变成为水螅体，水螅体通过横裂会分裂成细小的碟状幼体，长大后会成为水母体。

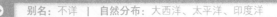

▶ 　别名：不详 | 自然分布：大西洋、太平洋、印度洋

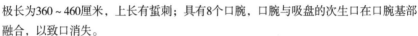

太平洋黄金水母 ▶ 游水母科，游水母属 | *Chrysaora fuscescens* B. | Pacific sea nettle

太平洋黄金水母

生活环境： 浅海水域、沿海地区

　　太平洋黄金水母游动时，触手会飘逸地摆动着，在浩瀚的蓝色海洋中像一只无拘无束的精灵，金黄色的伞状体，加上主要生活在太平洋，故得名。

像是一个长了长长的尾巴的蘑菇，伞状体呈金黄色，有时还发红

形态 太平洋黄金水母似蘑菇，分为伞状体和口腕，颜色金黄，伴有红色调，直径50～100厘米。伞状体下端存在24条栗色触手，触手极长为360～460厘米，上长有蜇刺；具有8个口腕，口腕与吸盘的次生口在口腕基部融合，以致口消失。

习性 **活动：** 可在水中游动或漂浮在海面，通过收缩外壳挤压内腔，改变内腔体积，喷出腔内的水，来推进水母的移动。**食物：** 肉食性，多以浮游动物为食，如软体动物、甲壳类、被囊动物幼虫、幼生多毛纲、原生动物、鱼卵等。**栖境：** 东太平洋海域，栖息于温暖的水流稳定的浅海域、近岸、河口及海港。

繁殖 生殖方式包括营浮游生活的有性世代和营固着生活的无性世代水螅型，两种方式交替进行，生命周期历经水母体→浮浪幼虫→钵口幼虫→横裂体→碟状幼虫→水母体。有性世代是指卵在体内受精成为受精卵，受精卵发育为幼体的有性生殖过程；刚发育的受精卵仍然与口腕相连，直到长成浮浪幼体，然后从体内释放入海中；浮浪幼体有细小的纤毛细胞，可以浮游一日之久，接着会在适当的底层定居，并会转变成为水螅体，水螅体通过出芽生殖以进行无性繁殖，扩大种群数量，发育为新的水母体。

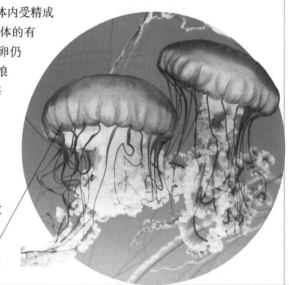

触手从伞状体边缘垂下来，特别长

▶ 别名：不详 | 自然分布：东太平洋、加拿大到墨西哥，加利福尼亚州及俄勒冈州沿岸

僧帽水母 ▶ 僧帽水母科，僧帽水母属 | *Physalia physalis* L. | Man-of-war

僧帽水母

生活环境：热带、亚热带海洋、海岸线

僧帽水母常漂浮在海平面上，它的囊状部分酷似16世纪的葡萄牙战舰，又被称为"葡萄牙军舰水母"。

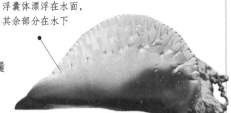

浮囊体漂浮在水面，其余部分在水下

形态 僧帽水母体型中等，上端漂浮着的为浮囊体，为很大的气泡状囊，两端对称，两端稍尖似僧帽，呈淡蓝色、紫色、粉色透明，其长度约100毫米，浮囊体上有发光的膜冠。浮囊体下面悬垂很多营养体、大小不同的指状体、长短不一的触手和树枝状的生殖体；在鳔下有长触须，最长可达22米，平均长10米；触须上有充满毒素的刺细胞。

习性 **活动**：自身不能产生运动力，不能靠自身活动，常漂浮在海面，随风、水流及潮汐来移动，但也可以通过调整鳔中的气体浓度及含量下沉到海底。**食物**：小型有机体，如浮游动物、鱼类等。**栖境**：大西洋热带和亚热带海洋中。

繁殖 生殖方式包括营浮游生活的有性世代和营固着生活的无性世代水螅型，两种方式交替进行。

在海平面漂浮的色彩鲜艳的透明囊状浮囊体，前端尖、后端钝圆，顶端耸起呈背峰状，形状颇似出家修行僧侣的帽子

加勒比盒水母

***生活环境：*热带、亚热带水域或沿海海岸**

　　加勒比盒水母在水母中属于娇小型，而且晶莹剔透，就像是一个"小家碧玉"，它身体上端的囊状体是透明的，而且看上去四四方方，就像一个音乐盒，又因为它经常出没在加勒比海，所以，人们就将它命名为"加勒比盒水母"。

形态　加勒比盒水母体型较小，大小一般1厘米左右，颜色为透明的黄棕色，身体上端的囊状体呈四方的屋顶状结构，宽略微大于高；四方的囊状体的4个角上都有3只触手，光滑的表面上带有一些小的疣状颗粒，其上有刺细胞；囊状体中有平滑的生殖腺和水平的环状结构，中央有一个柄状体。

习性　**活动：**可以在水中游动或漂浮在海面，它们通过收缩外壳挤压内腔的方式，改变内腔体积，喷出腔内的水，通过喷出的水来推进水母的移动。**食物：**多以浮游生物为食，如软体动物、甲壳类、被囊动物幼虫、轮形动物门、幼生多毛纲、原生动物、鱼卵及其他浮游生物等。**栖境：**温暖的阳光充足的热带、亚热带的海域或近海岸地带。

繁殖　生殖方式包括营浮游生活的有性世代和营固着生活的无性世代水螅型，两种生殖方式互相交替进行，即世代交替生殖。有性世代是指卵在体内受精成为受精卵，受精卵逐渐发育为浮浪幼体，然后从体内释放入海中的有性生殖过程；浮浪幼体有细小的纤毛细胞，可以在水中浮游，接着会在适当的底层定居，并会转变成为水螅体，水螅体1毫米大小，在口的周围带有四个触手，水螅体进行出芽生殖，即无性世代，扩大种群数量，发育为新的水母体。

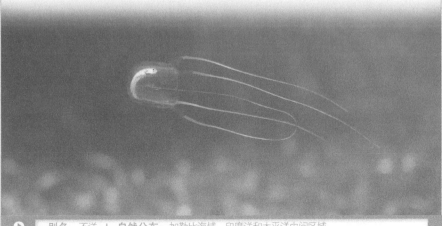

| ▶ | 别名：不详 | 自然分布：加勒比海域、印度洋和太平洋中间区域 |

PART 4
068~070页

扁形动物

虎涡虫

生活环境： 热带水域、潮带间和潮下线水域、坚硬基质的隐蔽处

　　虎涡虫是一种十分有趣的涡虫，它长得非常小，而且身体就是一个片状结构，像一片树叶一样，但是，它的身体背部带有黑色或棕黑色条纹，非常类似老虎身上的纹路，所以，人们将它命名为"虎涡虫"。

形态　虎涡虫体型较小，身体呈片状，柔软，边缘不规则，大小一般40毫米左右，身体颜色多为橘黄色，其背部带有黑色或棕黑色的条纹，这些条纹一般是从中部延伸到身体边缘，结尾时会有一个黑点；腹部的颜色可以是白色、绿色或是橘黄色；头铲形，有两眼；口在腹面后侧，常在近体后1/3处。

习性　**活动：** 可以通过爬行、游泳和翻转身体来进行活动，运动是通过身体向前蠕动产生的，这种蠕动是在肌肉和中胶层中体液的压力下产生的。**食物：** 专门以加勒比海鞘为食。**栖境：** 美国东南部及加勒比海的热带水域、加勒比海鞘种群聚集的地方、隐蔽的坚硬基质上及潮带间和潮下线的水域。

繁殖　雌雄同体，既可以行有性生殖又可以行无性生殖。有性生殖时，雌雄个体主要是通过伪触手来感受对方释放的化学信号以寻找交配个体。交配时，双方将自己的交配器插入到对方，精子可以在两个个体的软细胞组织间穿梭，并产生大量的受精卵；经过10天后，受精卵可以发育为可以自由游动的幼体。无性生殖时，主要是通过分裂的方式进行，每一个虎涡虫个体都可以断裂成两个部分甚至更多，断裂下来的部分便可以发育为新的个体，它还有再生功能，断裂的部分很快便可以再生。

▶　别名：不详 | 自然分布：百慕大群岛、卡罗莱那州、佛罗里达州、加勒比海

波斯地毯涡虫

生活环境： *珊瑚礁的碎石上*

波斯地毯涡虫是一种有趣且十分美丽的涡虫，它长得非常小，而且身体就是一个简单的片状结构，柔柔的，其上的斑点或条纹的颜色也十分多样，一般会与背部的颜色形成一个鲜明的对比，所以，别看它很小，但可是有多种面孔的。

形态 波斯地毯涡虫的体型非常小，身体呈薄薄的片状，柔软，边缘不规则，最小的个体大小为8 毫米×4毫米，典型的个体大小为20毫米×8毫米，最大的个体大小为26毫米×10毫米，身体背部多为鲜艳黄绿色，也有其他颜色，如黑色或白色等，其上还带有一些不同颜色的斑点或条纹，边缘有时为黄绿色，有时不具有边缘。

习性 **活动：** 通过爬行、游泳和翻转身体来进行活动，运动是通过身体向前蠕动产生的，这种蠕动是在肌肉和中胶层中体液的压力下产生的。**食物：** 常以海鞘类动物为食。**栖境：** 咸水水域中，喜欢在水下珊瑚礁的碎石附近生活，生活区域的生物种类十分丰富。

繁殖 雌雄同体，行有性生殖。有性生殖交配时双方将自己的交配器插入到对方，精子可以在两个个体的软细胞组织间穿梭，并产生大量的受精卵；经过一段时间后，受精卵可以发育为幼体，释放入海中，幼体可以自由游动，逐渐发育为成体。

背面颜色十分丰富，可以是黑色、白色、黄绿色、蓝绿色等

豹斑涡虫　▶　涡虫科，涡虫属　|　*Pseudoceros pardalis* V.　|　Leopard flatworm

豹斑涡虫

生活环境： 浅水海域的珊瑚礁上、岩石或碎石的底部

　　豹斑涡虫是一种有趣的涡虫，它长得非常小，身体就是一个简单的片状结构，柔柔的，背面常常点缀着一些黄色的小斑点，与背部的整体颜色并不相同，就像是豹身上的纹路一样，所以人们根据它的这一特点，将它命名为"豹斑涡虫"。

形态 豹斑涡虫的体型非常小，体长最长约5厘米，身体呈薄薄的片状，柔软，边缘呈不规则的波浪形，身体背部的颜色非常鲜艳，为红棕色，其上还带有大或小的黄色斑点，在边缘常有一些白色的斑点存在，围绕身体一周；有两个触角位于头的前端。

习性 活动：可以通过爬行、游泳和翻转身体来进行活动，运动是通过身体向前蠕动产生的，这种蠕动是在肌肉和中胶层中体液的压力下产生的。**食物：**可以腐烂动物的尸体、珊瑚、苔藓虫及一些浮游生物等为食。**栖境：**水深为1～25米浅水海域中，经常在珊瑚礁、岩石或一些碎石的下方隐蔽处出没。

繁殖 雌雄同体，可以行有性生殖和无性生殖。有性生殖交配时，双方将自己的交配器插入到对方，精子可以在两个个体的软细胞组织间穿梭，并产生大量的受精卵；经过一段时间后，受精卵可以发育为幼体，释放入海中，幼体可以自由游动。无性生殖时，主要是通过分裂的方式进行。

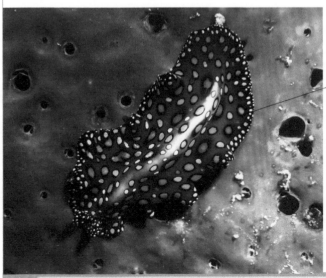

每个豹斑涡虫个体都可以断裂成两个部分甚至更多，断裂下来的部分便可以发育为新的个体，它还有再生功能，断裂的部分很快便可以再生

▶　别名：不详　|　自然分布：加勒比海

环节动物

椳树管虫	▶	龙介虫科，树管虫属	*Protula bispiralis* S.	Red fanworm

椰树管虫

生活环境： *海岸线下至少25米*

椰树管虫非常常见，它坚硬的管状外壳上覆盖着浓密的橘红色螺旋状"羽毛"，远远看到如同风中的火把在礁石间晃动，让人不禁眼前为之一亮。人们根据它的这一特点，还将它命名为"硬羽毛管虫"。

形态 椰树管虫常呈管状，管状外壳厚度为1毫米，外表面颜色为白色。体型较小，体长约65毫米，管状身体的直径最大可达10毫米；表面橘红色的羽毛分支呈螺旋状突起。

习性 **活动：** 可在水中游动，常将易受攻击的身体藏在管状外壳里面，感到危险时会迅速把鳃羽缩回管中，用盖挡住管子顶部。**食物：** 利用鳃羽过滤浮游生物，以珊瑚、苔藓虫及小型浮游生物为食。**栖境：** 深水域中，一般在潮下线或水深大于25米、水温24～27℃处的岩石垂直表面或石头缝中。

繁殖 雌雄同体，行有性生殖。有性生殖交配时，雌雄双方会释放出大量的精子和卵子，并随水漂流，后进入体内，在体内形成受精卵。经过一段时间后，受精卵发育为幼体，在水中游动，游到合适的岩石上固着后，逐渐发育为成体。

美丽的外貌使很多人认为它是管虫中的大明星

▶	别名：硬羽毛管虫、多彩管虫	自然分布：南非海岸，从好望角到德班

圣诞树管虫

生活环境： 热带海域的珊瑚礁上、
岩石或碎石上

　　圣诞树管虫长得十分有趣，只
要看上一眼，便会留下深刻的印象，当
各种不同色彩的圣诞树管虫定栖在珊瑚上
时，那是怎样一道优美的风景。

形态 圣诞树管虫常呈管状，展开时高约
2.5厘米，直径最大约3.8厘米，身体分节，排
列着刚毛和小型附属器，其外表面常覆盖着颜
色多样的特化的螺旋状辐棘，也称鳃羽。身体前端
有两个鳃冠，形状如圣诞树，颜色也非常鲜艳，是特化的口。

身体前端的鳃冠，
呈螺旋状，像是两
棵圣诞树一样

习性 **活动：** 一般不会离开管腔运动，常附着在海底珊瑚礁、岩石或碎石上；对周
围环境非常敏感，若受到干扰会马上缩进管中；若周围环境安静了，约1分钟后又
会像两小棵圣诞树般重新展开。**食物：** 纯滤食性，以水中浮游生物为食。**栖境：**
热带海域的珊瑚礁、岩石或海底碎石上，水温一
般为24～27℃，pH值一般为8.1～8.4，海水相
对密度为1.020～1.025。

繁殖 雌雄同体，异体受精，行有性生
殖。有性生殖交配时，雌雄双方会释放
出大量的精子和卵子，随水漂流。精
子和卵子进入不同的个体体内，
并在体内形成受精卵；经过一段
时间后，受精卵可以发育为幼
体，幼体可在水中自由游
动，最终在合适的珊
瑚礁上固着后，发
育为成体。

每一个个体通常只有
两种颜色

别名： 五彩石、宝塔管虫 | **自然分布：** 热带水域，加勒比海、印度洋至太平洋海域

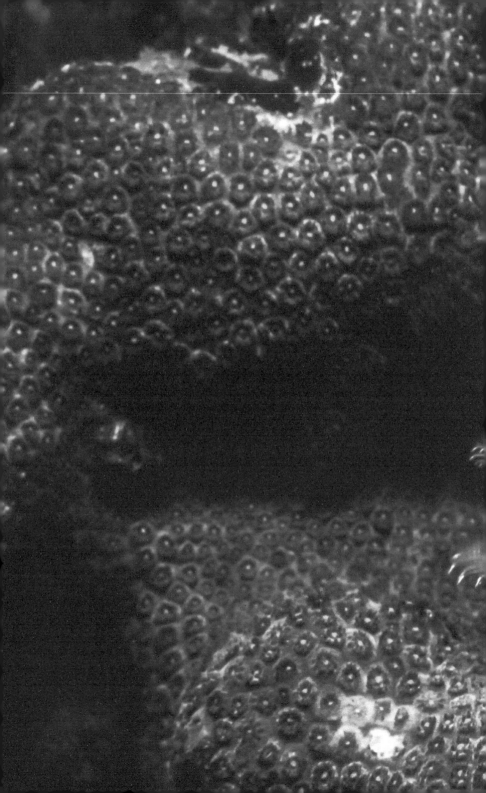

| 沙蚕 | ▶ | 沙蚕科，沙蚕属 | *Nereis succinea* F&L. | Pile worm |

沙蚕

生活环境：潮间带、深海，岩岸
石块下、石缝中、
海藻丛间

沙蚕的长相可算不
上优美，身体颜色单
一，长长的身体上有很
多体节，体侧还有很多疣足，像一
只蜈蚣。当它利用疣足移动时，更与蜈蚣有异曲同工之妙，所以又被称为"海蜈蚣"。

躯干部有许多结构相似的体节，
每个体节两侧具外伸的肉质扁平
突起，即疣足

形态 沙蚕呈圆柱形，两侧对称、后端尖，具有80~200个体节。身体可分为头部、躯
干部和尾部，长2.5~90厘米，颜色为褐色、鲜红或鲜绿色。头部发达，由口前叶和围
口节两个主要部分组成，口前叶具2对简单的圆形眼、1~2个前伸的触手和其前端腹
侧两个大的分节触角；围口节为一大的环状节。腹面具横长的口，其两侧具3~4对触
须。躯干部有许多结构相似的体节，每个体节两侧具外伸的肉质扁平突起，即疣足。
尾部为虫体最后1节或数节，具一对肛须，亦称肛节，肛门开口于肛节末端背面。

习性 **活动：**疣足帮助其移动，临近生殖时常在夜间离开海底浅洞穴到近海面排出
性细胞。**食物：**幼虫以浮游生物为食，
成虫以腐殖质为食。**栖境：**有淡水
流入的沿海滩涂、潮间带中区
到潮下带沙泥中、岩岸石块
下、石缝中、海藻丛间及
珊瑚礁或软底质中。

繁殖 有性生殖。临近
生殖时身体后部因有精
子或卵而膨大，疣足也
会变大以便远距离运
动，在夜间离开海底到
近海面处排出性细胞，然
后雌雄个体死亡；受精卵经
一段时间孵出球形幼虫；幼体
发育为成体后潜入海底固着。

PART 6
078~096页

软体动物

坚硬雷海牛 ▶ | 多彩海牛科，高泽海麒麟属 | *Risbecia tryoni G.* | Adorid nudibranch

坚硬雷海牛

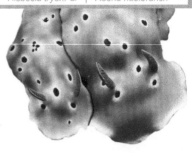

生活环境： 热带淡水水域的岩石或珊瑚礁上

坚硬雷海牛常给人一种憨厚老实的感觉，它的身上长有一些紫色的类似圆形或椭圆形的斑点，像是一只奶牛，身体的前端还带有一对触角，就如同牛犄角。

形态 坚硬雷海牛体长最小60毫米，颜色为棕色，其上带有白色的足，无论是背面还是腹面都具有紫色的斑点，斑点的外周环为白色或浅棕色，身体周围由较细的蓝色或紫色线围绕一圈；身体前端具有鳃冠，颜色为半透明的白色或浅棕色；触角为棕色或棕黑色，上面带有圆形的白色线。

习性 **活动：** 具足，可移动，但行动迟缓，常固着在海底岩石、泥沙、珊瑚礁上。**食物：** 以水中浮游生物及其他生物为食，如海绵、珊瑚、苔藓虫、小虾等。**栖境：** 热带太平洋地区，温暖水域的沿海滩涂、潮下带沙泥、海底碎石上及珊瑚礁或软底质中。

繁殖 有性生殖。雌雄双方会释放出大量的精子和卵子，随水漂流，精子和卵子进入体内并在体内形成受精卵；经过一段时间后，受精卵可以发育为幼体，幼体游到合适的珊瑚礁上或岩石上固着后，逐渐发育形成成体。

体型中等大小，相貌平庸，行动迟缓

▶ | 别名：不详 | 自然分布：西太平洋，从澳大利亚到菲律宾

彩色海兔 ▶ 多彩海牛科，多彩海牛属 | Chromodoris quadricolor R.& L. | Colourful sea slug

彩色海兔

生活环境： 海水清澈、水流畅通、海藻丛生的水域

彩色海兔在海底爬行时，后面那对触角会向前倾斜着去嗅四周的气味，当它休息时这对触角会立刻并拢，笔直向上，恰似兔子的两只长耳朵，故得名。

色彩十分绚丽，外形像一只小兔子，身体前端的触角耸起着，像两只耳朵

形态 彩色海兔的身体形状似兔子，体长7厘米，通体光滑无毛。身上的颜色有四种，为黄色、白色、蓝色、黑色。身体前端长有两对黄色触角，前端较尖，前面一对稍短，后面一对触角较长，分开成"八"字形，向前斜伸着。

习性 活动： 常在礁石上移动，当遇到敌人时可以释放一种有毒液体，如果对方触碰到这种液体，会中毒而死。**食物：** 食性很广，以浮游生物、海绵、茗芥壳、软珊瑚等为食。**栖境：** 西印度洋海水清澈、水流畅通、海藻丛生的水域中。

繁殖 雌雄同体，异体受精，行有性生殖。春天是繁殖旺盛期，雌雄交配后即产卵。产卵甚多，孵出的极少，卵与卵之间以蛋白腺分泌的胶状物黏结成细长如绳索状一长条，有的可达几百米，但大部分都被其他动物吃掉了。彩色海兔的卵索外表看去如粉丝，也被称为"海粉丝"；孵出的彩色海兔幼体经2~3个月后发育成成体。

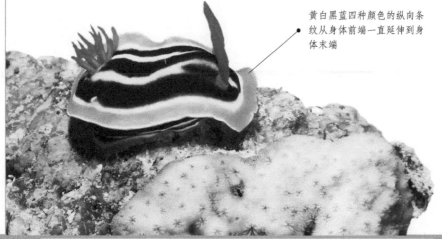

黄白黑蓝四种颜色的纵向条纹从身体前端一直延伸到身体末端

别名：霓虹海兔、雨虎 | 自然分布：西印度洋

| 条凸卷足海蜗牛 ▶ | 多角海牛科，卷足海蜗牛属 | *Nembrotha kubaryana* B. | Variable neon slug |

条凸卷足海蜗牛

生活环境：热带水域的岩石或珊瑚礁上

条凸卷足海蜗牛看上去十分健壮，长相也十分丑陋，它有时会比较凶猛，比如在遇到敌人或食物时，它就会释放毒液以杀死敌人或猎物。

形态 条凸卷足海蜗牛体型较大，形状并不规则，体长一般超过120毫米。身体为黑色，其上带有绿色突起条纹或斑点，条纹常从身体顶端向下延伸。头的边缘为鲜艳的橘红色，触角非常明显，前端较尖，为红色或绿色，触角基部为黄色。足为黑色或深蓝色，边缘为橘红色。

习性 **活动：**常在珊瑚礁、海底砂石上移动，但行动缓慢，当遇到敌人或食物时可以释放一种有毒液体，使对方触碰后中毒而死。**食物：**常以海鞘类为食，也以其他浮游生物为食。**栖境：**热带印度洋—西太平洋的深海域珊瑚礁上或海底砂石上。

繁殖 雌雄同体，异体受精，行有性生殖。当两只条凸卷足海蜗牛相遇后，其中一只的雄性器官与另一只的雌性器官交配，间隔一段时期，彼此交换性器官再进行交配。受精卵的数目较多，随海水漂浮，在海水中逐渐孵化为幼体。孵出的幼体经2～3个月后发育成成体。

身体整体呈暗色调，上面有突起纵向条纹或斑点，看起来十分怪异

▶ | 别名：不洋 | 自然分布：印度洋至西太平洋区域

火烈鸟舌蜗牛

生活环境：热带浅水域岩石或大型海洋
植物上

火烈鸟舌蜗牛看上去特别像一个贝壳或
蜗牛的壳，表面带有一些斑点，挺漂亮，吸引了
很多贝壳收集者。但这些漂亮的色彩并没有长在"蜗
牛"的壳上，这只是它的外套膜——当它受到攻击和惊
吓时，便会收起绚丽的外套膜，变得煞白，露出白色的壳体！

壳上外套膜颜色为鲜
艳的橘黄色，其上带
有黑色斑点

形态 火烈鸟舌蜗牛体型较小，体表有一层类似于蜗牛外壳
的壳状物，外壳长度25～35毫米，最小的18毫米，最大的44毫米。壳
的背部呈薄的横向的山脊形，表面平滑有光泽，颜色为白色或粉色。

习性 **活动：**成体可以在海洋中活动，但行动缓慢，遇到敌人时常会收起色彩绚丽
的外套膜以保护自己；幼体常固着在珊瑚底部，不能移动。**食物：**主要以柳珊瑚
为食。**栖境：**大西洋西部的热带浅水域，水深范围1～29米，在柳珊瑚附近聚集。

繁殖 既可以行有性生殖又可以行无性繁殖。有性生殖时，雌雄交配后常将受精卵
产在捕来的柳珊瑚上，3～7天发育为幼虫。幼虫在其他柳珊瑚分支的底部固着，直
到成体用齿舌将幼体从柳珊瑚上刮下来为止，并在柳珊瑚上留下痕迹；
幼体经一段时间发育为成体。无性繁殖时，是通过断裂的方式进行
的，断裂的部分可以再生。

▶ 别名：不详 | 自然分布：大西洋西部热带水域

大法螺 ▶ 嵌线螺科，法螺属 | *Charonia tritonis* L. | *Giant triton*

大法螺

贝壳呈圆锥形或喇叭形 ●

生活环境： 暖水域中海藻繁茂的岩石和珊瑚礁上

大法螺的螺壳硕大，磨去壳顶后便可吹出响亮的声音，常被古代部族和军队用作号角。它的壳层表面装饰性极强，也常用来作装饰品。在古代的寺院和庙宇中，僧道常用它作为布道昭示的法器。

形态 大法螺个体较大，壳表为乳白色至黄褐色，壳口卵圆形，内面橘红色，具瓷光，壳高约353毫米、宽约88毫米。贝壳具不规则深褐色粗斑纹，螺塔微高，螺顶常缺损；螺层约10层，体层上的螺肋光滑、宽大且低平，其间有较深螺沟及少数细肋；缝合线深刻，各螺层在缝合线下的螺肋常呈波状；前水管沟又宽又短；足部有时很大。

习性 **活动：** 足富有肌肉质，适合在各种条件下运动，常是通过足部肌肉的收缩来推动身体前进。**食物：** 肉食性，常以海星、海参、水螅，以及双壳类如珠母贝幼贝等为食。**栖境：** 印度—太平洋暖水区，栖息在浅海区岩礁底、珊瑚礁间、沙或泥沙质海底等，从潮间带到几百米水深的海底都有它们的踪迹。

繁殖 雌雄异体，雄性个体包括精巢与输精管，输精管的后端有产生授精液的前列腺，产生的授精液可以帮助交配；雌性个体有卵巢、输卵管，输卵管末端还伸出一交配囊以储存交配后的精子。雌雄性交配后产生受精卵，多产在水草或其他物体上。卵经内陷法与外包法形成原肠胚。在具自由游动能力的面盘幼虫期已出现了足、触手、眼及壳，在面盘幼虫后期出现了扭转，这一过程可能在数分钟内或数日内完成，此时，足生长迅速，用以爬行，以后用足附着在底部变态成成体。

后端尖细，前端扩展，壳质坚厚

▶ 别名：法螺 | 自然分布：印度至太平洋暖水区

珍珠鹦鹉螺

生活环境：深海区珊瑚礁表面附近

珍珠鹦鹉螺有很长的历史，在地球上经历了数亿年演变，但外形、习性等变化都非常小，因此又被称作海洋"活化石"。

形态 珍珠鹦鹉螺的整个螺旋形外壳光滑如圆盘状，形似鹦鹉嘴。壳的表面呈白色或乳白色，生长纹从壳的脐部辐射而出，平滑细密，多为红褐色。外壳由许多腔室组成，内约分36室，最末一室最大，为躯体所居，其他各层充满气体，被称为"气室"，各腔室之间有隔膜隔开。眼简单，无晶状体。鳃2对，具63～94只腕，雌性较雄性多。漏斗呈两叶状。

习性 **活动：**主要通过串管排出海水，调节自身的比重而浮沉于水层中，白天多在珊瑚礁间或海底栖息或以几十只短腕爬行，夜间常凭借漏斗和串管排出海水而短暂游泳。**食物：**肉食性，以海星、海参、水螅、双壳类或海底栖动物为食。**栖境：**印度洋至西太平洋的深达750米的深海区珊瑚礁表面附近或海底生活。

繁殖 雌雄异体，行有性生殖。个体达到性成熟需要15～20年；雄性个体的精囊中有很多精子，其中精子可以通过身体上的触手来传递出去。精子黏附到雌性个体的外套膜上，雌雄个体交配后方能产生受精卵，受精卵为单产，个体较大，大约1.5厘米长。受精卵慢慢发育为具有腔室的小型珍珠鹦鹉螺。

外壳呈螺旋形，光滑如圆盘，形状与鹦鹉嘴极其相似

| 五爪贝 | ▶ | 砗磲科，砗磲属 | *Tridacna maxima* R. | Maxima clam |

五爪贝

生活环境： 低潮区附近的珊瑚礁间或较浅的礁内

五爪贝的表面有透明的色素细胞，不仅可使它看上去五光十色，也使它免遭强光的破坏，又可以增强体内共生的虫黄藻的光合作用，使其源源不断地为自己提供养料。

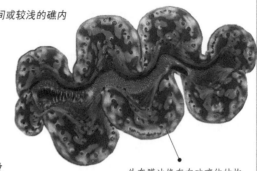

外套膜边缘存在玻璃体结构

形态 五爪贝体型中等，大小一般不超过20厘米。贝壳略呈三角形，壳顶弯曲，壳缘呈波形弯曲，表面灰色，上有数条像被车轮辗压过的深沟道。外套膜较大，颜色鲜艳，可呈鲜艳的绿色、黄色或棕色，常在壳的外侧，并且覆盖住了壳的边缘。

习性 活动：成体及幼体可以在水中游动，游动范围主要在珊瑚礁附近。食物：滤食性，以水中浮游生物为食，可与大量虫黄藻共生，虫黄藻可进行光合作用，并将营养供给五爪贝。栖境：印度洋至太平洋海域的低潮区附近的珊瑚礁间或较浅的礁内，这些区域的水流通常较缓。

繁殖 雌雄同体，异体受精，行有性生殖。雌雄交配后，产少量的受精卵，12小时后发育为初龄幼虫，可以自由游动；进一步发育为可以滤食的2龄幼虫；3龄幼虫具有足，可以游动或在基质上栖息。幼虫期8～10天。幼体2～3年后发育为雄性成体，待个体长到15厘米长发育为雌雄同体的成体。

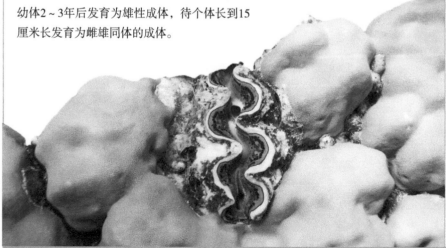

唐冠螺

体状像唐朝僧人的帽子

生活环境： 低潮线水深1～30米的碎珊瑚底质的浅海

唐冠螺是国家Ⅱ级保护动物，贝壳十分珍贵，不仅螺壳个体较大，而且形状独特美丽，常被人们选作家中陈设和把玩的珍品，在市场上价格非常昂贵。

形态 唐冠螺体型较大，长和高都可以达到30厘米。贝壳大而厚重，灰白色到金黄色，具金属光泽；口面为肉色，具有耀眼光泽，内、外唇扩张，呈橘黄色盾面，外唇内缘有5～7个齿。壳的顶端较尖，即壳顶；自壳顶垂直向下有一纵轴在壳的中央，为壳柱；围绕壳柱由壳顶一层层向腹面旋转，每旋转一层即为一螺层，最底一个螺层特别发达，为体螺层，结节突起特别发达，呈圆锥状。

习性 **活动：** 爬行活动，较慢，常在黄昏至夜间活动，白天则埋入沙砾中静止不动，仅露出背部。**食物：** 常以海藻、双壳类软体动物、海胆、微小生物等为食。**栖境：** 世界暖水海域的低潮线水深1～30米的碎珊瑚底质的浅海中。

近壳口的边缘处有很大的红褐色斑块

繁殖 夏季繁殖，雌雄异体。雄性个体包括精巢与输精管，输精管的后端有前列腺以产生授精液帮助交配；雌性个体有卵巢、输卵管，输卵管可膨大形成蛋白腺、受精囊及黏液腺，末端还伸出一交配囊以储存交配后的精子。交配后，精囊到对方的交配囊中释放出游离精子，游到受精囊中使卵受精。受精卵螺旋卵裂，经原肠胚期、面盘幼虫期等，然后在海底固着，逐渐发育为成体。

别名： 冠螺、皇冠螺　|　**自然分布：** 马来西亚、印度尼西亚及中国的南海、台湾等

| 库氏砗磲 | ▶ | 砗磲科，砗磲属 | *Tridacna gigas* L. | Giant clam |

库氏砗磲

生活环境：热带浅水区

　　库氏砗磲的长相并不美观，生长得十分缓慢，随着近些年海洋环境的污染，它的栖息地遭到了严重破坏，目前已被列为易危生物。

肋间沟很深，像车轮碾出的辙印，在古代又被称为"车渠"

形态 库氏砗磲体型大型，壳最宽处可达1.3米。贝壳很厚，略呈三角形，两壳相同，但不对称；壳表面白色，十分粗糙，具有5条粗大的覆瓦状放射肋，生长轮脉较明显，在贝壳表面弯曲、重叠呈皱褶；贝壳内面颜色多样，富有光泽；铰合部狭长，两壳间有主齿和后齿各一个，主齿较短；壳顶前方有一足丝孔，成体时足丝孔封闭。

习性 **活动：**成体爬行活动，较慢；幼体时壳顶伸出强有力的足丝，固着于珊瑚礁或沙质海底。**食物：**可与虫黄藻共生，虫黄藻的光合作用产生有机物质可为库氏砗磲提供一部分养料，也以海藻、双壳类软体动物、海胆、微小生物为食。**栖境：**热带珊瑚礁浅海区或低潮线附近的珊瑚礁间，水域环境盐度较高。

繁殖 通常在夏季繁殖，为雌雄同体，异体受精，行有性生殖。雄性个体包括精巢与输精管，通过输精管将精子释放入海中；雌性个体有卵巢、输卵管，通过输卵管将卵子释放入海中，交配后，可产生不计其数的受精卵；受精卵逐渐发育为幼体，幼体生长较快，每年大约长5厘米，固着生长，逐渐发育为成体。

贝壳表面很粗糙，有5条粗大的覆瓦状放射肋

| ▶ | 别名：大砗磲 | 自然分布：泰国、日本、澳大利亚及中国南海、海南岛 |

蜘蛛螺 ▶ 凤凰螺科，蜘蛛螺属 | *Lambis lambis* L. | Common conch

蜘蛛螺

生活环境： *热带低潮线以下的浅海沙底或珊瑚礁间*

蜘蛛螺的壳表颜色非常美丽，饰纹雕刻也丰富多彩，形状奇特，常被人们用来观赏或制作饰品。

壳面具细密螺肋

形态 蜘蛛螺属大型螺，体长90~275毫米，雌性较雄性大。壳面为黄白色，杂有褐色斑点和花纹，内面橘红色，壳边近前端呈锯齿状；壳口向外伸张，且狭长，有六根管状长棘，一侧开裂，向上弯曲。具有眼，眼柄上有长而尖的触手。螺层为锥形，9~10层，缝合线上方各层壳面扩张成肩角，并具结节突起。

习性 **活动：** 足部窄，很强壮，行动敏捷，可以向前跳动，可跳10.2厘米远；并不像蜗牛般滑行。**食物：** 植食性，吃各种藻类等浮游植物和有机碎屑。**栖境：** 热带低潮线以下浅海沙质海底、珊瑚礁间及海草草地上。

繁殖 繁殖期主要为夏、秋季，秋季产卵少。雌雄异体，雄性个体包括精巢与输精管，输精管后端有前列腺以产生授精液；雌性个体有卵巢、输卵管，输卵管的末端还伸出一交配囊以储存交配后的精子；雌雄性交配后产生受精卵，多产在水草或其他物体上；受精卵螺旋卵裂，经内陷法与外包法形成原肠胚，经历面盘幼虫期，然后在海底固着，逐渐发育为成体。

贝壳的近前端边缘呈锯齿状，称为"凤凰螺缺刻"，它有神奇的作用，是蜘蛛螺右眼伸出偷窥外界环境变化的管道，对御敌和捕食均有重大意义

▶ 别名：普通蜘蛛螺 | 自然分布：日本、东非、印度尼西亚、马来西亚、新加坡及中国的西沙群岛、台湾

维纳斯骨螺 ▶ 骨螺科，骨螺属 | *Murex pecten* L. | Venus comb murex

维纳斯骨螺

生活环境： 低潮线以下的浅海沙底

维纳斯骨螺的造型十分优美，不仅具有一般贝壳的色彩和花纹，还具有一些尖尖的棘状突起，看上去就像一把梳子，简直是大自然的"鬼斧神工"，很受收藏家们的喜爱。

形态 维纳斯骨螺贝壳长10～15厘米，形状如球棒，通体有刺，壳顶尖锐，螺层圆凸，壳面具细密的螺肋。壳表为黄褐色或白色，杂有黄褐色斑点和花纹。水管周围的刺呈弯曲状，且非常密集如梳子，前水管沟直而长。体层上有三层纵胀肋，长满了长短交替的棘刺，肩部的刺最长且上翘。

习性 **活动：** 爬行活动，活动较慢，常在黄昏以后至夜间活动，白天栖息在砂砾中。**食物：** 肉食性，以牡蛎和海蛤等小型无脊椎动物为食。**栖境：** 低潮线以下浅海沙质海底、珊瑚礁间及海草草地上。

繁殖 雌雄异体。雄性个体包括精巢与输精管，输精管后端有前列腺以产生授精液；雌性个体有卵巢、输卵管，输卵管末端还伸出一交配囊以储存交配后的精子；雌雄性交配后产生受精卵，多产在水草或其他物体上；受精卵螺旋卵裂，经内陷法与外包法形成原肠胚，经历面盘幼虫期，然后在海底固着，逐渐发育为成体。

在希腊神话中，爱神维纳斯常用骨螺来梳理秀发，故人们将它命名为"维纳斯骨螺"

▶ 别名：栉棘骨螺、刺螺 | 自然分布：东海、南海

鱼叉海扇蛤

形状像一把扇子，贝壳厚厚的，两个瓣膜几乎一样

生活环境：水深大约15米水流较急的海域的沙底或珊瑚礁间

鱼叉海扇蛤合拢时，像一个美味的扇形汉堡；贝壳表面还衍生出一些较长的、向上生长弯曲的、鱼叉状的附属物，故得名。

形态 鱼叉海扇蛤如扇形，贝壳由2个瓣膜组成，右侧的瓣膜在底部，比左侧的瓣膜更加灰暗，但每一个都是突起的凸形，并且上面有很宽的纵状肋；内侧颜色通常为白色，上面带有淡紫色的辐射状条纹；咬合区一侧旁边有两个不规则贝壳活瓣和前端大后端小的耳状物；另一侧具有齿。

习性 **活动**：在海底沙石上爬行，也可以游动，遇到天敌或猎物时会迅速移动。**食物**：以多种浮游生物为食，如海藻、海胆、小型无脊椎动物。**栖境**：水深约15米水流较急的海域，如多沙或岩石的海底、海草上等；或岩岸生境区。

繁殖 雌雄异体。个体成熟需要2年，寿命4年。每年夏季繁殖。雌雄个体通过水管沟将精子和卵子释入海中，受精发生在体外水环境中；受精卵约2天发育为面盘幼体，在海中漂游约40天，期间口部附近会形成一缕纤毛，足在15天时微微可见，简单的眼和最初的鳃在25天时开始形成，28天时形成具保护功能的前足；40天时盘面幼虫发生形变，变为海底栖息的幼体，然后逐渐成长为成体。

壳高平均6厘米，最大可达9厘米

普通章鱼 ▶ 章鱼科，章鱼属 | *Octopus vulgaris C.* | Common octopus

普通章鱼

以倒退跨步走方式逃难，姿势滑稽

生活环境：温带浅海水域

普通章鱼遇到危险时会喷出墨汁似的物质作为烟幕，掩护逃跑；为了避开"猎食者"，它除了采用舍"腕"保身术外，还会把八只"爪"中的六只向上弯曲折叠，做出椰壳的模样，剩余的两只"爪"会站在海底地面上偷偷地向后挪动，像会移动的小椰子。

形态 普通章鱼体型中等，体长约60厘米。头与躯体分界不明显，上有大的复眼及8条可收缩的腕，有2行腕吸盘，雄性右侧第3腕茎化，短于左侧对应腕，端器锥形，约为全腕长度的1/30；漏斗器W形，鳃片数9~10个，中央齿为五尖型；胴部卵圆形，胴长42~60厘米，胴背具一些明显的白点斑；阴茎棒状，膨胀部与阴茎部很难分开。

习性 **活动：**白天多潜伏海底多岩石的洞穴或缝隙中，可沿海底爬行，也可做短距离的生殖和越冬洄游；喷射水力强劲，可迅速向反方向移动。**食物：**肉食性，以瓣鳃类、浮游生物及甲壳类，如鱼、虾为食。**栖境：**温暖的浅海水域，水温不低于7℃、海水相对密度1.021、海底有沙砾的地带，白天隐蔽在海底多岩石的洞穴或缝隙中。

繁殖 雌雄异体，冬季交配。雄体具一条特化的腕，为茎腕或交接腕，可将精包直接放入雌体的外套腔内；交配后产受精卵，受精卵长约0.3厘米，总数在10万个以上，产于岩石下或洞中；幼体4~8周后孵出，孵化期间雌体守护在受精卵旁，用吸盘将受精卵弄干净，并用水将受精卵搅动。幼体形状酷似成体，较小，孵出后需随浮游生物漂流数周，然后沉入水底隐蔽，逐渐发育为成体。

体表光滑，具极细的色素点斑

别名：真蛸、八爪鱼 | 自然分布：北海南部到南非、地中海、英国东北端等的海岸线

北太平洋巨型章鱼

生活环境： 太平洋的各个不同温度的水域

太平洋巨型章鱼体型巨大，圆圆的头也比其他章鱼大很多。它们十分聪明，身上特有的色素细胞能随环境改变颜色，甚至能够和图案复杂的珊瑚、植物、岩石等巧妙地混为一体，不仅可以成功地躲过天敌，还可以在不经意间捕食到美味佳肴。

形态 太平洋巨型章鱼体型很大，身体完全展开时可达4.3米，体表颜色可变；头又大又圆，常为红褐色，上有大的复眼及8条可收缩的腕；腕十分粗壮，各腕长度相近，其上有2行腕吸盘，雄性右侧第3腕比左侧对应腕略短；漏斗器W形，鳃片9～10个，阴茎棒状，膨胀部与阴茎部很难分开。

习性 **活动：** 白天多潜伏海底多岩石洞穴或缝隙中，可沿海底爬行，也可做短距离的生殖和越冬洄游，夜间捕食。**食物：** 肉食性，以虾、蛤蜊、鱼甚至鸟类为食。**栖境：** 太平洋的各个不同温度和深度的水域，栖在海底沙砾地带。

繁殖 雌雄异体，个体寿命可达3～5年；雄体具一条特化的腕，为茎腕或交接腕，产生的精囊连在一起可达1米多长；雌性可将精囊储存在受精囊中，交配后产受精卵，受精卵长约0.3厘米，总数120000～400000个，产于坚硬固体的表面；雌体用吸盘将受精卵弄干净，并用水将受精卵搅动，期间并不取食，很快死亡；幼体约6个月后孵出，形状酷似成体，大小如米粒，随浮游生物漂流数周后沉入水底隐蔽，逐渐发育为成体。

腕长可达6米

拟态章鱼

生活环境：水深不超过15米水域中的泥沙上

拟态章鱼可以仅用不到1秒就能让自身与任何背景颜色及图案相一致，同时，身上的肌肉还能改变它的皮肤构造，这样就可以使它身体的形状和色度改变成其他动物的模样，通过这种方式，它可以成功躲避天敌的追杀并且捕食自己的美味。

形态 拟态章鱼的体型较小，身体完全展开时可达60厘米，身体表面自然颜色为浅棕色或米黄色，但是颜色时常可以变化成明显的白色或棕色条纹，身体的形状也可以改变；头上有复眼及8条可收缩的腕，腕十分粗壮，各腕长度相近，其上有2行腕吸盘；漏斗器W形，鳃片9～10个，阴茎棒状，膨胀部与阴茎部很难分开。

习性 活动：可沿海底沙石爬行，也可做较短距离的生殖和越冬洄游；它喷射的水力强劲，从而可迅速向反方向移动，移动的方向通常是根据食物所在地而定。**食物**：肉食性，常以虾、蛤蜊、鱼、贝壳等为食。**栖境**：15米以内的浅海水域中的沙地或碎石上，如河口水域附近。

繁殖 雌雄异体，每年春、秋季繁殖；雄体具一条特化的腕，为茎腕或交接腕，可产生精囊；雌性可将精囊储存在受精囊中，交配后产受精卵，受精卵长约0.3厘米，数目非常多，产于坚硬固体的表面；雌体用吸盘将受精卵弄干净并用水将其搅动；一段时间后，孵化出幼体，形状酷似成体，较小，需随浮游生物漂流数周，然后沉入水底隐蔽，逐渐发育为成体。

身上有数万个色袋，叫作"色包"，含色素，靠这种色素的颜色来表现多种色度

PART 7
098~122页

节肢动物

美国鲎

生活环境： *泥泞的河流、河口
沼泽、红树林*

美国鲎相当原始，今天的鲎
与3亿~4亿年前的鲎形态上几乎没
有变化，因此也被称为"活化石"。

形态 美国鲎体长51厘米，身体分为
三部分：头胸部、腹部和尖尾刺；
头胸部最长，侧面有一对复眼，每
只眼由若干个小眼组成，还有一对感
受紫外线的单眼，头胸甲的顶端有五眼，
底部有两眼，靠近嘴的每一侧上有复眼；口部位于
头胸部之下，两边各有一条螯肢；有五对鳃，位于

血液非常奇特，呈灰蓝色，因为其
血色素与其他动物不同，蓝血蛋白
含有铜，因而呈蓝色

其五对附肢后面；腹部位于中间，分节，尾节即为坚硬的尾刺。

习性 **活动：**可以通过胸腹甲交接部的附肢来游泳，也会在沙中筑巢，筑巢时，雄
性会先到达岸边，雌性随后到达，然后制造深15～20厘米的巢穴。**食物：**肉食性，
常以软体动物、环节动物、其他水底无脊椎动物、虾和乌贼等为食。**栖境：**北纬
19~45℃的较温暖、盐度较低的水域，如泥泞的河流、河口沼泽等，成体一般生活
在深水域，幼体一般生活在潮间带浅水区。

繁殖 雌雄异体，每年夏季为繁殖季节。繁殖时会集体游到潮间带高潮线附近，
雌雄聚集在潮间带，由雌鲎扒沙筑巢，雄性以脚须抱住雌性，雌性以附肢挖坑产
卵时，雄性将精子产在卵上，行体外受精。产受精卵后雌雄分开，受精卵产在5厘

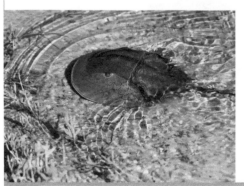

米深的沙中，受精卵孵化后漂至
高潮线附近的泥滩地进行脱壳变
态；长大至4～5厘米时，随水流
迁移到以沙为主的地区；至大约
10厘米时，离开潮间带到较深海
域生活；在深海成长数年后，长
为成体。

中华鲎

生活环境： *浅海沙质海底*

中华鲎挺懒的，平时不会轻易活动，一般蛰居在海底，偶尔在没有海浪的时候出来到小海湾活动下，捕食一下猎物，以填饱肚子。它们繁殖时雄鲎的体形较雌鲎小，而且第1～2对步足的末端和雌鲎也不同，瘦小的雄鲎用步足钩住肥大的雌鲎腹甲的后侧缘，由雌鲎驮着蹒跚而行，形影不离，因此，中华鲎又享有"海底鸳鸯"的美称。

形态 中华鲎体长可达60厘米，体为棕褐色或黑褐色，体形近似瓢形，分为头胸、腹和尾三部分，体表覆盖有坚硬的几丁质外骨骼；头胸部较大，具发达的马蹄形背甲，头胸甲较为宽广，呈半月形，腹面有6对附肢；腹部体节愈合，形成一个六角形的腹甲，腹甲较小，两侧有若干尖锐的棘，下面有6对片状的游泳肢，在后5对上面各有一对鳃；尾呈剑状。

习性 **活动**：平时常蛰居海底，也通过胸腹甲交接部的附肢来游泳，通常在没有海浪的小海湾活动。**食物**：肉食性，常以软体动物、环节动物、其他水底无脊椎动物、虾和乌贼等为食。**栖境**：盐度较低的浅海沙质海底，如盐度较低的河口等。

繁殖 雌雄异体，每年夏季为繁殖季节，雄性以脚须抱住雌性，雌性以附肢挖坑产卵时，雄性将精子产在卵上，行体外受精；产受精卵后雌雄分开，受精卵产在沙滩中比较高的位置，受精卵为完全卵裂。受精卵大约经过40天孵化出幼鲎，刚出卵壳的幼鲎，在尚未蜕皮之前没有尾剑，为三叶幼虫；经13～14龄连续蜕皮后发育成成体。

繁殖时，它们会集体游到潮间带高潮线附近，雌雄聚集在潮间带，由雌鲎扒沙筑巢

杂色龙虾

生活环境： 礁岩缝间的洞穴中

　　杂色龙虾白天时喜欢躲在礁洞中，仅露出两条白白的触须，因此被称为"白须龙虾"。它的身上长满了斑点，或圆或方，或大或小，或聚或散，或浓或淡，就像具有标记特征的胎记——"胎记"赋予了它多彩颜色，故被称为"杂色龙虾"。

形态　杂色龙虾体长约30厘米，最长可达40厘米，体表呈蓝色和绿色。头胸甲呈圆筒状，眼上方有两个多刺的嘴和两对触角，第一对触角的柄蓝色并有白斑纹，前端有两个分叉，第二对触角为白色，多刺；前缘除眼上角外，具有四枚距离很近的大刺，眼上角超过三倍眼高；腹部比较平滑，但第二和第三腹节背甲各具一个浅且宽的下陷区，其上长有软毛，各腹节后缘具一蓝边的横白线，尾扇未钙化，为蓝色和绿色；步足为蓝色，具有明显的白色条纹。

习性　**活动：** 可在海中游动，夜行性，秋冬水冷时便会游到深海域，春夏水暖时便会向浅海移动。**食物：** 肉食性，常以腐肉、环节动物、甲壳类等无脊椎动物及海中小鱼为食。**栖境：** 印度—西太平洋海域的水质清澈或稍为混浊但水流强大的礁区岩缝间的洞穴中，水深一般4～12米，最深可达16米。

繁殖　繁殖期在每年4月下旬～7月，群体交配高峰期在5月；交配时，雌虾仰卧水底，雄虾位于其上以螯足钳住雌虾前螯，步足抱住雌虾将交接器插入雌体，交配时间10～30分钟；交配后产受精卵，每次产受精卵300～1000粒；5～8周后孵化出幼体，幼体孵出后，附于母体的腹部游泳足上，在母体保护下进行生长发育；幼体经过多次脱壳后发育为成体，离开母体。

一般都是蓝色和绿色，
两对触角都是白色的

丑角虾

生活环境：淡水、咸水

　　丑角虾一点也不丑，尤其是生活在夏威夷海域中的个体，身上的斑点颜色有紫色和红色，更是许多人的挚爱，它特别喜欢吃海星，所以，人们又称它为"夏威夷海星虾"。

体型小巧，身上常带有斑点

形态 丑角虾体型较小，体长大约5厘米，雄性比雌性要小一些，身上的颜色为乳白色，其上带有一些斑点，斑点的颜色随着水域环境的改变而变化，在太平洋附近的海域中，斑点的颜色为红色，印度洋附近的海域，斑点颜色为紫色或接近紫色，夏威夷附近的海域，颜色为红色和紫色；头部具有花瓣状的触角，眼平且小；有两条步足，每一条上均带有大的爪。

习性 **活动：**行动十分缓慢，常做波浪式运动，也可以骑在海星身上，啃食海星的肉。**食物：**肉食性，最喜食海星，也以海胆和棘皮动物为食。**栖境：**夏威夷、印度洋—太平洋海域潮间带上和珊瑚礁附近，淡水域和咸水域皆可。

繁殖 繁殖期在每年4月下旬~7月，繁殖期时，雌性和雄性会聚集在一起；交配时，雌虾仰卧水底，雄虾在它上面以螯足钳住雌虾前螯，步足抱住雌虾将交接器插入雌体；交配后产受精卵，一般每次产受精卵100~5000粒，产受精卵数取决于环境的变化；一段时间后孵化出幼体，幼体孵出后，全部附于母体的腹部游泳足上，在母体的保护下完成幼体阶段的生长发育过程；幼体经过多次脱壳后发育为成体，离开母体。

斑点颜色随着水域环境变化而不同，看上去十分美丽

欧洲龙虾

外表面为蓝色，带有一些斑点，
有时会联合在一起，下表面为黄色

生活环境： 海中岩石缝隙的洞穴中

　　欧洲龙虾原产于欧洲的沿海地区，长得十分强壮，看上去十分凶猛，可以很好地逃过天敌追杀。但人们对它们进行了过度捕杀，使其数量急剧下降。

形态 欧洲龙虾体型较大，成体体长可达60厘米，重达5~6千克，表面覆有一层外骨骼。身体前端带有一对触角，长而粗壮；腹部为黄色，长有一对巨大粗壮的螯；步足上常带有一对大而不对称的爪。

习性 **活动：** 白天不喜欢运动，常待在海底岩石缝的洞中，夜间出来活动、捕食。**食物：** 肉食性，常以海底的无脊椎动物为食，如蟹类、软体动物、海星、海胆类及多毛动物等。**栖境：** 最初生活在欧洲沿海，但现在美洲海域也见其身影，栖息在水深0~50米海域中的坚硬岩石缝隙的洞穴中。

繁殖 寿命可达15年以上，雌雄独栖，繁殖时才聚集在一起。每年夏季产卵。交配时雌虾仰卧水底，雄虾在上面以螯足钳住雌虾前螯，步足抱住雌虾将交接器插入雌体；交配后产受精卵；3个星期后孵化出幼体，幼体孵出后附于母体腹部游泳足上，在母体保护下进行生长发育；幼体经过多次脱壳后发育为成体，离开母体，达到性成熟需6年左右。

极长又十分粗壮的
触角和长在腹部的
粗壮而巨大的螯肢

日本龙虾

生活环境：浅海域底部坚硬岩石缝隙的洞穴中

　　日本龙虾体型匀称，身体的颜色也很鲜艳，是那种红通通的颜色，因此，得名"红龙虾"，又因为它最初出现在日本，所以人们又称它为"日本龙虾"，它的尾扇很独特，特别像鱼类的尾部，只是更加钝圆，这可能大大提高了它活动的能力。

形态 日本龙虾体型中等，成体的体长大约25厘米，最大可达30厘米，表面覆有一层外骨骼，外表面的颜色左半身为红褐色，右半身为黑色；身体前端带有两对触角；在头胸部有5对步足，左右对称；腹部为橘红色，分节；尾扇如鱼尾般形状。

习性 **活动：**可以在水中游动，游动速度较快，常做曲线运动，遇到猎物时，可以加快游动的速度。**食物：**肉食性，常以海底栖息的无脊椎动物为食，如蟹类、软体动物、海星、海胆类及多毛动物等。**栖境：**最初只生活在日本海附近，栖息在水深0~15米浅海域底部坚硬岩石缝隙的洞穴中。

繁殖 繁殖时会聚集在一起，产卵期在每年夏季；交配时，雌虾仰卧水底，雄虾在它上面以螯足钳住雌虾前螯，步足抱住雌虾将交接器插入雌体；交配后产受精卵，产受精卵数取决于环境的变化；一段时间后孵化出幼体，幼体孵出后，在母体的保护下完成幼体阶段的生长发育过程；幼体经过多次脱壳后发育为成体，然后离开母体，达到性成熟后可再进行交配。

外侧的触角长而粗壮，下部带有一些棘突，里侧的触角较短，末端分叉

| 皮皮虾 | ▶ | 虾蛄科，口虾蛄属 | *Oratosquilla oratoria* De Haan. | Mantis shrimp |

皮皮虾

生活环境：浅水域泥沙底部

皮皮虾性情凶猛，还善于打埋伏，即使是立着脚尖悄然路过的螃蟹也常成为它们的攻击对象。它猛烈的打击可以毁坏蟹的神经系统并使其当场毙命；它还可以用头下带倒刺的胸肢飞快地刺向猎物，然后饱餐一顿，这一点很像螳螂，故得名"螳螂虾"。

十分有力的螯肢，能轻易破坏猎物坚硬的外壳，甚至可以夹断人的骨头

形态 皮皮虾体型较小，体长185毫米，体色青绿色。头胸甲前缘中央有一片能活动的梯形额角板，其前方还有能活动的眼节和触角节；第一触角柄部细长，分为三节，末端有三条触鞭。第二触角柄部分二节，其上长有一条触鞭和一个长圆形的鳞片。口器、大颚十分坚硬，分为臼齿部和切齿部，且都有齿状突起。腹部宽大，共六节，末端为宽而短的尾节。肛门开口于尾节腹面。

习性 **活动：**善于在水中游动，速度非常快，捕食猎物时可以用螯肢打击猎物坚硬的外壳，获取里面的肉。**食物：**肉食性，常以海底栖息的无脊椎动物为食，如蟹类、软体动物、海星、海胆类及多毛动物等。**栖境：**俄罗斯的大彼得海湾到日本及中国沿海浅水域的沙底，穴居，在泥沙底打洞并生活在其中。

繁殖 雌雄异体，繁殖期在每年4～9月，盛期在5～7月。繁殖期时雌性胸部第6～8胸节腹面会出现白色"王"字形胶质腺；交配时雌虾仰卧水底，雄虾在上面以螯足

钳住雌虾前螯，步足抱住雌虾将交接器插入雌体；交配后产受精卵，平均产受精卵量3万～5万粒；一段时间后孵化出幼体，幼体在母体的保护下进行生长发育；幼体经过多次脱壳后发育为成体，然后离开母体，达到性成熟的皮皮虾体长最小为80毫米。

▶ 别名：螳螂虾、琵琶虾 | 自然分布：俄罗斯、日本、菲律宾、马来半岛及中国大部分沿海地带

美人虾

生活环境： *深水域或浅水域的低潮礁区*

美人虾十分娇小、可爱，生命力极强，而且还十分好斗。大螯十分夸张，看起来凶猛霸道，时常被拿来炫耀或威胁其他同伴，所以美人虾无法和其他同伴和平相处；另外，它们还是一种"爱情至上"的动物，雌雄成对可以共同生活5～6年而不分开。

形态 美人虾体型非常小，体长约60毫米，身上颜色非常鲜艳，基底颜色透明，外壳上带有红白相间的条带，壳上多刺；胸部有多对步足，只有第三对步足带有红白相间的条带，其上长有许多刺，其余步足为白色；腹部较细，带有红白条纹。

习性 **活动：** 可在弱水流中游动，但在强水流中只趴在礁石上不动，夜行性，常在夜间捕食或帮助大型鱼类做清洁。**食物：** 可以清洁大型鱼类身上的寄生虫、真菌和损伤的组织，并以其为食，也以海底栖息的无脊椎动物为食，如蟹类、软体动物、海星、海胆类及多毛动物等。**栖境：** 几乎整个热带、少数温带地区的水域，既可以是深水域也可以是浅水域的低潮礁区。

繁殖 雌雄异体，繁殖盛期在每年夏季，繁殖期雌雄常聚集在一起；交配时，雌虾仰卧水底，雄虾在上面以螯足钳住雌虾前螯，步足抱住雌虾将交接器插入雌体；交配后产受精卵，平均产受精卵量很大；一段时间后孵化出幼体，幼体孵出后，在母体的保护下完成幼体阶段的生长发育过程；幼体经过多次脱壳后发育为成体，然后经性成熟后可再次交配。

触角白色，
较长

| 雀尾螳螂虾 ▶ | 齿指虾蛄科，齿指虾蛄属 | *Odontodactylus scyllarus* L. | Peacock mantis shrimpb |

雀尾螳螂虾

生活环境： 水深3～40米的珊瑚礁上或岩水的缝中

雀尾螳螂虾外表很像孔雀，但猎食方式却很像螳螂，前螯钩经过数千万年的演化已经进化成一对威力十足的"弹簧铁拳"。当有猎物靠近时，它就用弹力十足的前螯钩狠狠地往猎物身上敲下去，直至将猎物杀死。

形态 雀尾螳螂虾体型属于大型，体长3～18厘米，全身呈深绿色，但也有其他颜色；头胸甲前侧的边缘具有镶白边的黑色及咖啡色蜂巢状纹路；具3对胸足，颜色为橘黄色，每对足上都具有爪。腹部占身体比重较大，分节；尾节如燕尾状。

习性 **活动：** 可以在水中游动，也可以在海底的沙石或珊瑚礁上爬行，领域性极强，有猎物经过时，便会发起攻击。**食物：** 肉食性，可以无脊椎动物为食，如蟹类、软体动物、海星、海胆类、甲壳类、贝类、螺类及多毛动物等。**栖境：** 印度尼西亚巴厘岛附近的水域，水深范围3～40米的珊瑚礁或岩石的石缝中。

繁殖 雌雄异体，繁殖盛期在每年夏季，繁殖期时，雌雄常聚集在一起；交配时，雌虾仰卧水底，雄虾在它上面以螯足钳住其前螯，步足抱住雌虾将交接器插入雌体；交配后产受精卵，平均产受精卵量很大；一段时间后孵化出幼体，幼体孵出后，在母体的保护下完成幼体阶段的生长发育过程；幼体经过多次脱壳后发育为成体，然后经性成熟后可以再次交配。

身体前端的触角鳞片为橘红色，末端外缘为黑色

帝王虾

生活环境：水深45米的环境中

　　帝王虾长得十分娇小，体长一般才几毫米，性格也是十分温顺，柔柔弱弱的样子，身体一般是橘红色，上面带有一些白色的条纹，它经常和西班牙舞娘共生在一起，相互提供对对方有益的养料，就像是相亲相爱的一家人一样，形影不离，就是因为这个原因，这种性情温顺的动物才能在浩瀚无情的海洋中生存下来。

形态 帝王虾体型属于小型，最大体长2厘米，身体颜色非常鲜艳，颜色可以从橘色到红色变化，背部通常覆盖有白色斑块，有时斑块可以连成白色的条带；身体前端有一对眼，眼较大，为橘色；4对较长的步足，第一对步足较其他步足粗壮，为橘黄色，带有两条紫色的条纹，末端分叉，其余3对为紫色。

习性 **活动**：可以在水中游动，也可以在海底的沙石或珊瑚礁上爬行，性格温顺，攻击性不强，可以和西班牙舞娘共生。**食物**：肉食性，可以小型的无脊椎海洋动物及一些腐烂的碎屑为食，如蟹类、软体动物、海星、海胆类、多毛动物等。**栖境**：印度洋—太平洋之间海域，水深45米的珊瑚礁或岩石的石缝中。

繁殖 雌雄异体，繁殖期时，雌雄常聚集在一起；交配时，雌虾仰卧在水底，雄虾在它上面以螯足钳住雌虾前螯，步足抱住雌虾将交接器插入雌体；交配后产受精卵，平均产受精卵量很大；一段时间后孵化出幼体，幼体孵出后，在母体的保护下完成幼体阶段的生长发育过程；幼体经过多次脱壳后发育为成体，然后经性成熟后可以再次交配。

| 海蟹 | ▶ | 梭子蟹科，梭子蟹属 | *Portunus trituberculatus* Miers | *Japanese blue crabb* |

海蟹

生活环境： 近岸水深7～100米的软泥、沙泥底、石下或水草中

海蟹居海鲜之首，清代李渔这样称赞蟹肉，"蟹鲜而肥，甘而腻，白似玉而黄似金，已造色香味三者至极，更无一物可以上之"，唐代大诗人白居易更是有言"陆珍熊掌烂，海味蟹螯咸"，将海蟹螯足与熊掌相提并论，可见它在我国美食中的作用。

形态 海蟹体宽15厘米，体长7厘米；头胸甲长82毫米，宽149毫米，呈梭形，稍微隆起，表面具分散的颗粒，在鳃区的较粗而集中；额上有两个锐齿，口上脊露出在两个额齿之间；螯足发达，长节呈棱柱形，前缘有4个尖锐的刺，腕节的内、外缘末端各具一刺，背面两隆脊的前端各具一刺，外基角具一刺；第四对步足呈桨状，前节与指节扁平，各节边缘均长有短毛。

习性 **活动：** 白天潜伏海底，夜间出来觅食，并有明显的趋光性，可用前3对步足的指尖在海底缓慢地爬行，也可用游泳足游动，或向侧前方前进，或向侧后方倒退。**食物：** 杂食性，常以贝肉、鲜杂鱼、小杂虾、水藻嫩芽、海生动物尸体以及腐烂的水生植物为食。**栖境：** 近岸水深7～100米的软泥、沙泥底、石下或水草中，很少部分生活在潮间带下。

繁殖 交配期随不同海域环境变化，除两性成熟的个体交配外，尚未完全发育成熟的雌体有时也可接受交配；每年4～5月，雌蟹洄游，聚集于近岸浅海港湾或河口附近与雄性交配，产出的受精卵抱在腹部的附肢上，每只雌蟹繁殖季节能产2～3次受精卵，总数约几十万至二百万粒，刚产出的受精卵为黄色，约2周后变为黑褐色；经一段时间孵化为蚤状幼体，营浮游生活，共5期，第5期蜕皮后进入大眼幼体期，再经1次蜕皮即成为幼蟹，由小至大约经过20多次蜕壳。

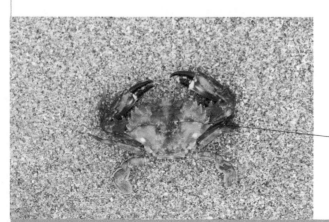

身体的颜色可随周围环境而改变

寄居蟹

生活环境： 珊瑚礁的潮间带上部

寄居蟹为了能有一个舒适住所，会向海螺发起进攻，把海螺弄死、撕碎，钻进去，用尾巴钩住螺壳顶端，短腿撑住螺壳内壁，长腿伸到壳外爬行，用大螯守住壳口，就这样在其中生活，故得名"寄居蟹"。

• 腹部特别柔软，为保护腹部，需把家安在死亡软体动物的壳中

形态 寄居蟹体长约3.5厘米，一般躯体不对称。身体分头胸部和腹部。眼柄基部有眼鳞；第1触角柄常常折叠着，第2触角柄基部通常有一个棘。头胸部具头胸甲，头胸部前部较狭窄，钙化较强，后部扩展、较宽，角质或完全膜质，有明显的颈沟，但头胸甲并不覆盖最后胸节。腹部长而柔软，曲卷或直伸。尾节左面常较右面发达，有粗糙的角质褶，特化成了尾扇。

习性 **活动：** 寄居在软体动物壳中，也利用长螯脚在沙滩或近海岸爬行。**食物：** 杂食性，以贝类、寄生虫、食物残渣、水藻嫩芽、海生动物尸体以及腐烂水生植物等为食。**栖境：** 几乎世界各地范围内的海边或水深140米内的珊瑚礁上或岩石上。

繁殖 雌性两年可达到性成熟。每年7～8月雌蟹洄游，聚集于近岸浅海港湾或河口附近与雄性交配，将受精卵产在螺壳中，抱住孵化，然后满月潮涨的夜晚到海边放出蚤状幼体，放出蚤状幼体的时间大约需要5～10秒，孵化后幼体营浮游生活，蚤状幼体共5期，第5期蜕皮后进入大眼幼体期；再经1次蜕皮即成为幼蟹，由小至大约经过20多次蜕壳。

| 椷子蟹 | ▶ | 寄居蟹科，梭子蟹属 | *Birgus latro* L. | Coconut crab |

椰子蟹

生活环境：热带树林中

螯不对称，左侧螯
大于右侧螯

椰子蟹最喜欢吃椰子，在饥饿时连
甲壳动物蜕下的皮壳，甚至连小于
自己的同类都抢着吃，特别"贪
食无厌"，又得名"强盗蟹"。

形态 椰子蟹体色从紫蓝色至橙红色，
体长1米，雄性大于雌性。分头胸部和腹部。
体躯和附肢甲壳钙化。头胸部具发达头胸甲，头胸甲及步足表面有波状皱纹；第1触角
柄部各节细长，触鞭末端变粗，略呈棒状。眼红色；鳃区扩大，额角呈三角形，眼鳞
较小。腹部背甲与侧甲钙化，弯折在头胸甲下，一侧保留着已退化的附肢。

习性 **活动：** 怕强光，白天待在洞穴中，夜间外出活动觅食，双螯非常有力，能迅
速地爬上椰子树，剪下椰子并凿开壳吃椰子肉。**食物：** 杂食性，常以椰子肉、植物
果实、腐烂叶子和木头、腐败动物尸体、甲壳动物蜕下的皮壳、体型小于自己的同
类为食。**栖境：** 海边附近的热带树林中，如椰子树、棕榈、栲树等的树顶，湿度较
高，具有能遮蔽日晒的掩蔽物及洞隙，土质松软利于挖洞、冬眠或蜕皮。

繁殖 交配发生在陆地上，雌雄交配后雌性会在腹部下方携带受精卵，到沿岸释
放；幼体位于卵囊的中上层，在海面上漂浮长达28天，然后进入两栖阶段，需要
21～28天。幼蟹成长非常缓慢，每蜕皮一次个体才会长大一些。通常在秋冬季蜕
皮，幼蟹每年蜕皮2～3次，随个体长大，蜕皮的次数就越来越少。成蟹每年仅蜕皮
一次，经过2～3年
时间，体长仍小于
2厘米，生长十分
缓慢。寿命可长达
40年之久。

双螯非常有力，能轻
而易举地爬上高树剪
下椰子，并凿开壳吃
椰子肉

别名： 强盗蟹、八卦蟹 | **自然分布：** 澳大利亚、斐济、马来西亚及中国台湾、海南

大西洋泥招潮蟹

生活环境: 滩涂湿地

　　大西洋泥招潮蟹最大的特征是雄蟹
具有一对大小悬殊的螯，它经常会做
出舞动大螯的动作，这个动作被称为"招
潮"，目的是威吓敌人或吸引雌性。

形态 大西洋泥招潮蟹的背壳色彩艳丽多变，
但总体为黄褐色。头胸部有头胸甲，雄性头胸甲宽15～23毫米，上面带有宝蓝色
斑块，雌性头胸甲宽13～18毫米，其上没有斑块，都呈梯形，前宽后窄。额窄，
眼眶较宽，眼柄细长；雌性与雄性的螯足不同，雌性的每个螯足都很相似，雄性
的螯足有一个非常大，并且颜色为黄色；步足上带有黑色的条纹。

习性 **活动：**随潮水涨落有一定规律，涨潮时停在洞底，退潮后到海滩上活动、取
食、修补洞穴，最后占领洞穴，准备交配。**食物：**杂食性，常以藻类、土壤中的微
生物为食，也吞食泥沙以摄取其中的有机物，然后将不可食的部分吐出来。**栖境：**
滩涂湿地，群集在暖水水域沿岸的洞穴中，一般洞底需达到潮湿的泥土处。

繁殖 交配发生在涨潮4～5日后，每两个星期可发生一次。交配时节，成熟的雄蟹
会在洞口附近挥舞大螯以吸引雌性注意，如果求偶成功，雌性则追随雄性进入洞
穴交配，后雌性在洞中产受
精卵并照料受精卵
12～15天，在
涨潮前将孵
化的蚤状幼
虫释放。蚤
状幼体共5
期，第5期蜕
皮后进入大眼
幼体期；再经1
次蜕皮即成为成
体，这一过程共需
要28天，1年后达到
性成熟。

大螯非常大，摆在
前胸，像是武士的
盾牌

| 蜘蛛蟹 | ▶ | 蜘蛛蟹科，蜘蛛蟹属 | *Maja squinado* Herbst | Spiny spider crab |

蜘蛛蟹

生活环境： 深海、浅海沙滩

蜘蛛蟹的蟹壳上有很多凸起圆球，其实这并非它自身的一部分，而是海葵，一种靠摄取水中动物为生的肉食动物，依附寄居在蜘蛛蟹壳上，通过蜘蛛蟹的活动来扩大捕食范围，而它分泌的毒液又可以保护蜘蛛蟹免被捕食，这样就做到双方"互利"。

形态 蜘蛛蟹的身体看上去很像蜘蛛，身体较厚实，体色多为橘红色，背甲椭圆形，有刺状物存在；触角很多，多于一般的蟹类；身体前方有长长的螯，螯比较强壮；八条步足细长，为橘红色。

习性 **活动：** 身体笨拙，行动迟缓，但是喜欢在海中四处游荡，每年8月可以进行迁徙，迁徙距离超过100米，也可以在浅海的沙滩上爬行。**食物：** 食性范围很广，冬季常以藻类、软体动物为食，夏季常以棘皮动物为食，如海胆、海参等。**栖境：** 水深3600米深海中，与海葵共生，也可以生活在浅海的沙滩上。

繁殖 繁殖期会成群结队地大规模地爬到沙滩上，雌性每年可以繁殖4次；交配后雌性产受精卵并独自孵化；雌性会在涨潮前将孵化出的蚤状幼虫释放，蚤状幼体共5期，第5期蜕壳后进入大眼幼体期；再经1次蜕壳即成为成体。蜘蛛蟹一生中经历约14次生长蜕壳，每一次蜕壳都是对生命的一种挑战，蜕壳后它的身体将变得极度疲劳，不能站立，极易被捕食。

海蟹的一种，八条步足特别长，触角也比普通螃蟹多，外观形似蜘蛛

鹅颈藤壶

生活环境： 沼泽滩涂、河口、海面漂浮物上、冷水域中

　　鹅颈藤壶乍一看上去就像是一条条长长的、棕色的肉茎，它们还常常缠在一块，看上去特别可怕，像是发起自卫的鹅的脖颈，所以，人们将它命名为"鹅颈藤壶"。它是令欧洲人都为之疯狂的美食，味道十分鲜美，且营养价值极高，有"来自地狱的海鲜"之称。

形态　鹅颈藤壶的身体主要是由一个很长、灵活且坚硬的肉茎来支撑，肉茎长5～80厘米，暗棕色，前端较尖，且有壳；身上还有5个平滑、透明、边缘猩红色的骨盘，这些骨盘由细小的缝隙隔开，骨盘上有生长线，生长线与边缘平行，上面还有一些颜色较淡的条纹；骨盘之间有一些丝状物和捕食性触手；尖端常约5厘米，里面有头部、胸部和发育不完全的腹部；附肢为棕褐色，呈篱笆状。

习性　**活动：**一般不能活动，常附着在其他物体上，由其他物体带到冷水海域。**食物：**食性范围很广，以各种浮游生物为食，如甲壳类、软体动物、棘皮动物及某些动物幼体等。**栖境：**热带和亚热带的海域中，生活在海流交换较为频繁的岛屿礁石缝隙里。繁殖时，会利用其他物体漂浮到冷水域。

繁殖　雌雄同体，当体长达到2.5厘米时开始繁殖，繁殖过程是在冷水域中进行，行体内受精，刚生产的受精卵保留在体腔内，经一个星期后，释放入海，孵化成可以自由游动的无节幼虫；经过进一步的发育后，可作为浮游生物的一部分，在海中漂浮的物体上固着下来。

很长、灵活且坚硬的肉茎，长5～80厘米，暗棕色

| 巨螯蟹 | ▶ | 蜘蛛蟹科，巨螯蟹属 | *Macrocheira kaempferi* Temminck | Japanese spider crab |

巨螯蟹

生活环境： 水温10℃左右的深海水域

　　巨螯蟹体重16～20千克，虽然它不是最重的节肢动物，却是名气最大的。首先是它钙化的甲壳，虽然只有约37厘米长，但拉伸时，除了身体，一个螯足就可达到将近4米长。正因为它巨大的螯足，所以，人们称它为"巨螯蟹"。再就是它壳体的颜色，可以在暗橙色到浅棕色之间变化，但是这种颜色一旦形成，便终身无法改变。

形态 巨螯蟹体型较大，体长平均约3米，身体分为头胸部与腹部；头胸甲两侧有5对胸足；头部较窄，额部中央具第1和第2两对触角，外侧有柄复眼；口器包括1对大颚、2对小颚和3对颚足；腹部退化，扁平，曲折在头胸部的腹面，雄性腹部窄长，多呈三角形，雌性腹部较宽，第2～5节各具1对双枝形附肢，其上密布刚毛。

习性 **活动**：在水中活动异常灵活敏捷，当它发现附近有食物时，就会以最快的速度冲过去攻击猎物，直到猎物遍体鳞伤、精疲力竭死去，接着便把猎物吃掉。**食物**：食性范围很广，以各种浮游生物为食，如甲壳类、软体动物、棘皮动物及某些动物的幼体等。**栖境**：日本附近太平洋沿岸水深50～300米的水域，生活在大陆架和斜坡的沙滩和岩石底部，水温一般10℃左右。

繁殖 平时生活在深海，春季繁殖时游到浅海，每年1～3月为繁殖旺盛期，为卵生；雄蟹一般将产生的精子保留在精荚中，然后在交配前插入到雌性的两个螯中的腹部；交配后雌性产受精卵，每个繁殖季一般产150万粒受精卵，只有少数能存活，受精卵粒直径0.63～0.85毫米，孵化期约10天。

● 头胸部的背面覆以头胸甲，为圆形和梨形

● 双螯张开跨度可达4.2米

▶ 　别名：日本蜘蛛蟹　|　自然分布：日本附近太平洋沿岸、俄罗斯远东、澳大利亚及中国台湾

PART 8
124~128页

腕足动物

金乌贼

生活环境：温水域

　　金乌贼是世界乌贼科中重要的经济种类之一，它的肉洁白如玉，鲜美幼嫩，且营养丰富，除鲜食外还可加工制成罐头食品或干制品。近年来，随着捕杀量扩大，在一些海域中金乌贼已经绝迹了，所以，人类在享受美味的同时，请关注物种保护。

形态 金乌贼体型中等，体黄褐色，胴部卵圆形，长度可达20厘米，长度为宽度的1.5倍。胴体上有棕紫色和白色相间的细斑纹。头较大，为圆球状，两侧有眼，顶端中央有口。腕长度相等，每个腕上有4行吸盘，雄性左侧第4腕茎化成交接腕；触腕较长，稍超过胴长，其上吸盘约10行，小而密；胴背腹扁平，侧缘的狭鳍不愈合。

习性 **活动：**游泳速度慢，活动范围随暖水团位置和温跃层位置而移动；喜弱光，白天下沉，夜间上浮，有趋光性。**食物：**肉食性，成体以扇蟹、虾蛄、鹰爪虾、毛虾等为食，有同类相残习性；幼体以小鱼为食，如鳀、黄鲫、梅童鱼等。**栖境：**外海水域，水深5～10米、盐度较高、水清流缓，底质较硬、藻密礁多的岛屿附近。

繁殖 雌雄异体，体内受精。生殖期5～7月，一年内会性成熟，一生中繁殖一次。每年春季在近海较深处越冬的个体集群游向浅水区繁殖。繁殖行为复杂，有求偶、追偶、争偶、交配、产受精卵、扎受精卵等。雌雄交配后，雌乌贼在浅水域、水流清澈的岛屿附近产受精卵，几十到几百枚，产受精卵时有喷沙和穴居习性，生殖后亲体相继死亡。经一段时间后，受精卵孵化为幼体，中秋季幼体由沿岸浅水向深水移动，初冬季开始陆续返回越冬。

口的周围及头的前方有4对腕和1对触腕

曼氏无针乌贼 ▶ | 乌贼科，无针乌贼属 | *Sepiella inermis* Van Hasselt | Spineless cuttlefish

曼氏无针乌贼

眼部后面有一脉孔，常露出近红色的腺体

生活环境： *水温13～33℃的水域*

曼氏无针乌贼是世界重要经济种，一年生，俗称墨鱼，生长快，肉质鲜美，是受市场欢迎的海味食品，主要为鲜食。

形态 曼氏无针乌贼体型中型，躯体瘦薄，一般胴体长约为15厘米。眼部椭圆形，眼背白花斑明显。口的周围及头前方有4对腕和1对触腕；4对腕长度相近，第4对腕较其他腕略长，各腕吸盘大小也相近；胸部两侧全缘具有肉鳍，肉鳍前段狭窄，向后逐渐变宽，末端分离。

习性 **活动：** 游动速度较快，正趋光性，喜弱光怕强光，会群体洄游。**食物：** 肉食性，成体多以扇蟹、虾蛄、鹰爪虾、毛虾等为食，并有同类相残习性；幼体多以小鱼为食，如鳀、黄鲫、梅童鱼等。**栖境：** 成体常生活在水温13～33℃、盐度19‰～35‰的水域；幼体的生存盐度为11.73‰～31.43‰、生存水温为14～30℃。

繁殖 雌雄异体，体内受精，在繁殖期有显著的求偶、争偶、雌雄搏斗现象。雌雄交配后，雌性常将受精卵缚于附卵基或卵群上，产卵附着物主要为珊瑚、大型海藻及人工遗弃物等，如果没有充足、适宜的附卵基，不仅会使产受精卵时间延迟、数量减少，而且受精卵易被水流冲散，甚至埋入泥底、大量死亡。

▶ 别名：花粒子、麻乌贼、血墨 | 自然分布：太平洋西北部、北印度洋及中国的黄海、东海

| 火焰乌贼 | ▶ | 乌贼科，花乌贼属 | *Metasepia pfefferi* Hoyle | Flamboyant cuttlefish |

火焰乌贼

身体颜色大体呈微黄色，
类似火焰颜色，故得名

生活环境：热带海域

　　1874年10月9日，一只雌性火焰乌贼在阿拉弗拉海被英国皇家学会的"挑战者"探险队所捕获，从此开启了科学界对它的研究，大大推动了海洋生物学的进步，这只最早的火焰乌贼标本目前存放于伦敦自然史博物馆。

形态　火焰乌贼外观呈长斜方形，颜色微黄，两端稍尖，中段微微鼓起，有椭圆形外套膜。腕臂较粗短、扁平，呈刀锋形，分布着四排吸盘，第一对腕足比其他腕足稍短；左腹侧的腕足特化为生殖用的交接腕，腕上有用来传递储精囊的深沟。

习性　**活动：** 用腕足和鳍在海床上行走，由于乌贼骨较小，无法在水中长途游泳。**食物：** 肉食性，成体多以甲壳类、虾蛄、鹰爪虾、毛虾等为食；幼体多以小鱼为食，如鳀、黄鲫、梅童鱼等。**栖境：** 印度尼西亚、新几内亚、马来西亚与澳洲北部的热带浅海域底部的泥沙区域，分布深度从3米到86米。

繁殖　交配行为简单。当一对雌雄个体碰头时即交配，雄乌贼以交接腕将精囊递入雌乌贼的外套膜中，使卵受精。随后雌乌贼将受精卵产下，一次产一颗，并以触手将受精卵固定在珊瑚、岩石甚至浮木的缝隙中。受精卵初产时呈白色，逐渐变得透明；经一段时间后发育为幼体。

在外套膜背侧与
腹侧表面以及头
部、眼睛上方有
许多突起
鳍状物

| ▶ | 别名：火焰墨鱼 | 自然分布：澳大利亚昆士兰州、几内亚南部及马来西亚 |

枪乌贼

生活环境：*热带和温带浅海域*

枪乌贼在海里行动非常迅速，就像标枪一样一掷而出，但其运动方式是靠漏斗喷水推进，所以在游行中也常受风、水流影响，但不影响它在乌贼中"游泳健将"的地位。

形态 枪乌贼身体呈椭圆形，由头部、足部、胴部和内壳组成；头部两侧的眼径略小，眼眶外有膜；头前和口周具有5对腕，其中4对短腕，腕上具2行吸盘，左侧第4腕茎化为交接腕，部分吸盘变形为2行突起，1对触腕很长，其上有吸盘4行；胴部呈圆锥形，胴部两侧的中后部有肉鳍，两鳍相接略呈纵菱形。

习性 **活动**：游泳迅速，可在海洋中漂浮，白天多活动于中下层，夜间常上升至中上层，垂直移动范围从表层至百余米。**食物**：肉食性，以小公鱼、沙丁鱼、鲹和磷虾等小型中上层种类为食，也大量捕食同类。**栖境**：南北纬40度之间的热带和温带浅海域，水域环境多是水清流缓、盐度较高、底质粗硬、海底凹窝、沿岸水系和暖流水系交汇处。

繁殖 每年春季产卵，卵多产在近岸，卵分批成熟和产出，包被在一个棒状的透明胶质鞘内，并以卵鞘基部联在一起，附着在岩石或其他物体上，形状好像一朵白色的花。卵受精后经一段时间孵化为幼体，孵出的幼体与亲体的形态相近；幼体生长很快，半年左右即可长至接近亲体的胴长，翌年性腺完全成熟。

头和躯干狭长，躯干部末端很尖，形状像标枪的枪头

银磷乌贼

生活环境： 4～30米水域的珊瑚礁附近，近海岸0.2～1米的水生植物下方

银磷乌贼长相非常美丽，深受人们喜爱，它没有又粗壮又长的腕和触腕，腕足很细小，它的身体是透明的，还会发出银色的磷光，所以，人们称它为"银磷乌贼"，另外，它喜欢生活在加勒比海的珊瑚礁附近，所以，又称它为"加勒比珊瑚乌贼"。

形态 银磷乌贼的体长一般小于20厘米，身体呈鱼雷形，身体一般为橘黄色透明，身上带有褐色的小斑点，身体两端带有波浪起伏的鱼鳍，鱼鳍很长，几乎与整个躯体的长度相等，鳍的颜色为蓝色半透明；头很长，几乎与身体的其他部分的长度相等，头部前端较尖；眼较大，为蓝色；具有5对腕。

习性 **活动：** 游泳迅速，有时会纵身一跃，飞出海面，也可以在海底附近活动。**食物：** 肉食性，多以鱼类、软体动物和甲壳类动物为食。**栖境：** 加勒比海到佛罗里达州海岸的4～30米水域的珊瑚礁附近，或近海岸0.2～1米的水生植物下方。

繁殖 一年只生殖一次，繁殖过后即死亡；雄性与2～5个竞争对手竞争配偶，然后可以在短暂的时间内与多个雌性个体交配，交配时，雄性通过交接腕将精子传递到受精荚。交配后可在礁石的隐蔽处产受精卵，受精卵多成簇存在，经一段时间孵化为幼体，性成熟后可以再次交配、繁殖。

与其他乌贼相比，腕足较细小

PART 9
130~142页

棘皮动物

刺参

生活环境： *温水域中*

刺参十分聪明，它能随着居处环境而变化体色，如生活在岩礁附近为棕色或淡蓝色，居住在海藻、海草中则为绿色，这种体色变化可以有效地躲过天敌。

会排脏逃生，遇到天敌时一股脑地把体内的五脏六腑全喷射出来，主动地敌人吃掉，没有了内脏并不会死亡，不久便会再长出一副

形态 刺参身体呈圆筒状，体长20～40厘米，身体表面似皮革，且有钝的、多刺的突起。前端有口，绕口一周有20个触手，较短；背面有4～6行肉刺，腹面有3行管足；肛门开口于腹部的末端。

习性 **活动：** 行动迅速，遇到天敌时会快速地把体内的五脏六腑喷射出来，让对方吃掉，自身借助排脏的反冲力迅速逃走。**食物：** 杂食性，可以腐烂物及多种有机物为食，如植物和动物的残留物、细菌、原生动物、硅藻类及粪便等。**栖境：** 温水域中，这些水环境通常为水流缓稳、海藻丰富的细沙海底和岩礁底。

繁殖 繁殖时，雌雄个体会释放大量的卵子和精子到海中，这个过程会受到温度等其他条件的影响，受精过程在海水中发生，形成受精卵；受精卵孵化出来的幼体行浮游生活，经历多个阶段的发育后，它在海底基质上固着下来，然后变态为成体。

体色一般为深褐色，但还有三种颜色的变体，分别是红色、绿色和黑色

紫海星

生活环境： *沙底或碎珊瑚底*

紫海星通常呈深蓝色和紫色，是一种极其美丽浪漫的颜色，所以有人说看到紫海星，情侣便会幸福一辈子。

形态 紫海星的身体扁平，呈星形，体长约15厘米，体色一般为深蓝色或紫色，身体的背面长满了颗粒状的小突起，身体的边缘为橘黄色，外面还带有一圈白色的棘状突起；口上有5个多刺的咽部，口周围有触手，触手长2～9厘米；有5个步带沟，其上带有很多的棘状刺和管足。

习性 **活动：** 不善于运动，身体并不灵活，常在海底的砂石或珊瑚礁上固着。**食物：** 肉食性，常以在海中游动速度缓慢的小型动物为食，如软体动物、小型鱼类等。**栖境：** 0～20米的大陆架、水深0～200米的海域中，生活环境通常光照充足，具有多沙的底部和碎珊瑚底。

繁殖 繁殖能力很强，行体外受精，不需要交配。雄性个体的每个腕上都有一对睾丸，它们将大量精子排到水中，雌性也同样通过长在腕两侧的卵巢排出成千上万的卵子，精子和卵子在水中相遇，完成受精，然后从受精的卵子中孵化出幼体。幼体紫海星可以在水中游动，在合适的时间在海底的碎石或珊瑚礁上固着。

筛板的颜色为浅浅的橘黄色，上面带有气孔，气孔与水系管相连

长棘海星

海星常以珊瑚为食，使珊瑚生态遭到巨大破坏

生活环境： *珊瑚礁附近的沙上*

长棘海星（棘冠海星）的颜色十分美丽，虽然体色并不鲜艳，但身上的长棘却有多种颜色，如红色、紫色、橙色等，看上去夺人眼球。另外，它的棘很发达且长，故得名。

形态 棘冠海星盘大而平，从体盘辐射的腕对称，成体辐径250～350毫米，最大超过700毫米；皮鳃区为红色；腕8～21个，腕外端棘特别发达，长可达45～50毫米；反口面骨板间隔很宽，各板有一个长棘，棘下部有柄，棘上端十分尖锐；筛板6～8个，表面布满细长尖锐棘刺。

习性 **活动：** 身体十分柔软，活动敏捷有力，可活动的距离很远，常出没在珊瑚虫丰富的地区。**食物：** 肉食性，成体以珊瑚虫、无柄无脊椎动物和动物尸体等为食，幼体以浮游生物为食。**栖境：** 印度洋和太平洋地区，多栖息在热带珊瑚礁附近的沙上。

繁殖 有性繁殖。通过体外受精繁殖，不需要交配；雄性每个腕上有一对睾丸，将大量精子排到水中。雌性也通过长在腕两侧的卵巢排出成千上万的卵子，根据不同区域，在北半球5～8月产卵，在南半球11～12月产卵。精子和卵子在水中相遇，完成受精，形成新的生命。

受精卵发育成幼体，4～6个月后捕食珊瑚，约2岁成熟，寿命15～17年。

大棘顶端的刺尖非常尖锐，呈现出淡米色、橙色、红色，或紫色

▶　别名：棘冠海星　|　自然分布：印度洋至太平洋地区及我国南方海域

蓝指海星

一般呈蓝色，有5个腕，腕呈圆柱形，前端变尖，像是人的手指一样

生活环境： *沙底或碎珊瑚底*

蓝指海星有一种特殊能力——再生，腕、体盘受损或自切后能自然再生，或重新生成一个新的海星，因此有科研人员相信它可以进行无性繁殖。

管足多数末端具有吸盘

形态 蓝指海星直径约30厘米，体色为黑色或蓝色，也有其他颜色，如浅绿色、紫色或橘黄色。皮鳃是从骨板间伸出的膜状突起，内面和体腔相通；从体盘辐射的腕不对称，通常有5个腕，成体辐径约150毫米；步带沟两侧各有1行侧步带板，管足从腕下步带沟顶的步带板间伸出。

习性 **活动：** 身体十分柔软，活动起来敏捷有力，捕食时常采取缓慢迂回的策略，慢慢接近猎物，然后用腕上的管足捉住猎物并用整个身体包住它。**食物：** 肉食性，常以一些行动较迟缓的海洋动物，如贝类、海胆、螃蟹和海葵等为食。**栖境：** 印度洋和太平洋地区，多栖息在光照充足的沙底或碎珊瑚底。

繁殖 有性繁殖，通过体外受精繁殖，不需要交配。雄性的每个腕上有一对睾丸，将大量精子排到水中；雌性也同样通过长在腕两侧的卵巢排出成千上万的卵子。精子和卵子在水中相遇，完成受精，形成受精卵。受精卵经一段时间发育成幼体，可以在水中游动，捕食珊瑚。游动一段时间后，在合适时在海底岩石或珊瑚礁上固着，发育为成体。

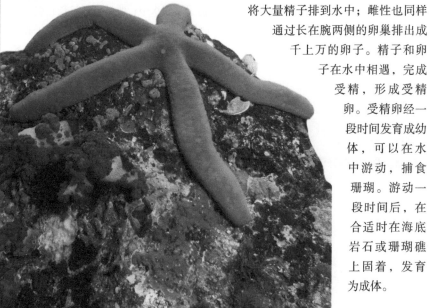

印度海星

生活环境： *岩石或珊瑚礁表面*

印度海星一般呈红色，幼体比成体的颜色略鲜艳，它长得讨人喜欢，性格也十分温顺，不像其他海星那样凶猛。它喜欢默默地待在海底，觅食碎石缝中的微生物，偶尔才"开荤"，捕食一些小型无脊椎动物。

形态 印度海星体长7.5～10厘米，幼体通常鲜红色，成年后体色暗红，身上带有一些细小的黑色凹陷；皮鳃是从骨板间伸出的膜状突起，内面和体腔相通；从体盘辐射的腕不对称，通常有5个腕，有些个体在再生期间会出现6个腕，腕的末端变尖，且为黑色；步带沟两侧各有1行侧步带板，管足从腕下步带沟顶的步带板间伸出。

习性 **活动：** 身体十分柔软，活动起来敏捷有力，白天活动旺盛；性情温顺，不会凶残地捕杀猎物。**食物：** 杂食性，常以一些碎石、细菌、植物碎屑、小型水底栖的无脊椎动物及其他有机物质为食。**栖境：** 印度洋和西太平洋地区，多栖息在水深1.5～10米海域的岩石或珊瑚礁表面，水深25米处也有少量个体生活。

管足多数末端具有吸盘

繁殖 有性繁殖。通过体外受精繁殖，不需要交配。雄性的每个腕上都有一对睾丸，将大量精子排到水中；雌性也通过长在腕两侧的卵巢排出成千上万的卵子。精子和卵子在水中相遇，完成受精，形成受精卵；受精卵经一段时间发育成幼体，在水中游动，捕食珊瑚；游动一段时间后，在合适的时候在海底的岩石或珊瑚礁上固着，发育为成体。

▶ 别名：红海星 | 自然分布：印度洋至西太平洋地区

红棘海星

生活环境： 浅滩、潮岸的岩石或珊瑚礁表面

红棘海星英文名叫"redknob starfish"，中文意为"长着红色疙瘩的海星"，它最主要的特征是身体上的红色棘突。它看起来很"粗壮"，但并不妨碍我们欣赏它的美丽。

形态 红棘海星体长平均约12厘米，最长可达30厘米。身体较粗壮。颜色为灰白色，带有亮红色的突起，像条纹一样连接成网状。从体盘向外辐射出5个不对称的腕，其上的红色突起从中心分别延伸到腕足的末端。干枯时身体呈浅褐色。

习性 活动：白天活动旺盛，行动缓慢，在用管足探测周围水体中的食物进而缓慢向目标爬行靠拢过程中，遇到什么就吃什么。**食物：** 常以一些软珊瑚、海绵动物、管蠕虫、蛤蚌及其他海星等行动缓慢的无脊椎动物为食。**栖境：** 印度洋—西太平洋地区，多栖息在浅滩、潮岸的岩石或珊瑚礁表面，栖息水深0~100米。

繁殖 有性繁殖，雌雄异体，行体外受精。雄性的每个腕上都有一对睾丸，将大量精子排到水中，雌性也同样通过长在腕两侧的卵巢排出成千上万的卵子。精子和卵子在水中相遇完成受精，形成受精卵，经一段时间发育成幼体，可以在水中游动，靠捕食珊瑚为生，一段时间后，在合适的时候在海底的岩石或珊瑚礁上固着，发育为成体。

反口面中央通常有一个圆圈似的花纹，以圆圈中间为中心向五条腕分别辐射出五条连接各棘瘤的红色纹路，整体看似一个红色、有着各种精密纹路的魔法阵，也仿若一幅五角星形的图画

身体颜色为灰白带有亮红色的突起

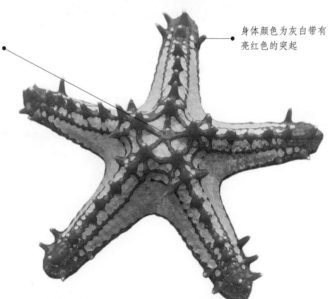

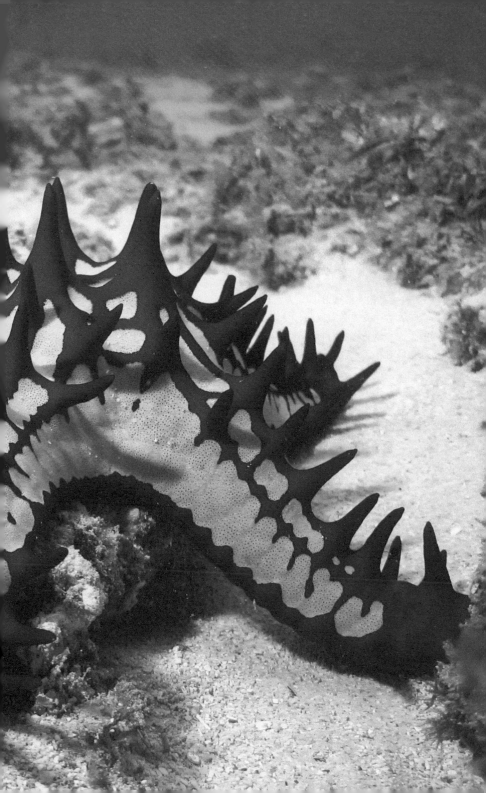

面包海星

生活环境： 水深较浅的珊瑚礁区

　　面包海星虽然有5只腕足，但腕足特别粗短，区分不明显，常与体盘连成一团，而且它的身体向上突起，形如超大型的波罗面包或风行一时的巨蛋面包，所以，人们将它命名为"面包海星"，也有人称它为"馒头海星"。

形态 面包海星的直径为30厘米，身体呈五角形，表面向上突起，身体表面带有一些斑点状阴影，颜色通常为黑色和浅浅的墨色，也可以是其他颜色，如棕色、橘黄色、黄色或绿色，身上有5个短粗的腕；身体外覆盖着钙化软骨，钙化软骨上带有一些凹陷，管足可在其中收缩自如；管足从腕下步带沟顶的步带板间伸出，管足多数末端具有吸盘。

习性 **活动：** 活动能力较弱，身体表面具有钙化的软骨，所以活动不易，常停在珊瑚的表面。**食物：** 杂食性，常以一些碎石、细菌、植物碎屑、小型的水底栖的无脊椎动物及其他一些有机物质为食。**栖境：** 印度洋和太平洋地区，多栖息在水深较浅的珊瑚区，偶尔也在潮间带附近生活。

繁殖 有性繁殖，通过体外受精繁殖，不需要交配。雄性海星的每个腕上都有一对睾丸，它们将大量精子排到水中，雌性也同样通过长在腕两侧的卵巢排出成千上万的卵子，精子和卵子在水中相遇，完成受精，形成受精卵。受精卵经一段时间发育成幼体，幼体可以在水中游动，主要靠捕食珊瑚为生，游动一段时间后，在合适的时候在海底的岩石或珊瑚礁上固着，发育为成体。

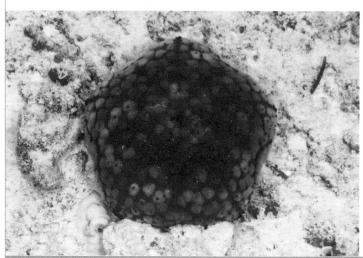

海胆

生活环境： *海区礁林间或石缝中，坚硬沙泥质浅海地带*

海胆与海星、海参是近亲。据科学考证，它在地球上已有上亿年生存史，是地球上最长寿的生物之一。在遥远的古生代和中生代，它们有很多种类，发现的海胆化石就多达5000种，在我国的西藏高原，就曾发现过海胆的化石。

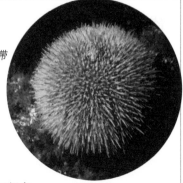

形态 海胆身体呈球形、盘形或心脏形；内骨骼互相愈合，形成一个坚固的壳，壳分为三个部分：第一部分最大，由20多行多角形骨板排列成10个带区，5个具管足的步带区和5个无管足的步带区相间排列，各骨板上均有疣突和可移动的长棘；第二部分为顶系，位于反口面中央；第三部分为围口部，位于口面，有5对排列规则的口板，各口板上有一管足。

习性 **活动：** 不能很快地移动，在周围食物丰富时很少移动，每天仅移动几厘米，所以，它的运动常与取食相关。**食物：** 食性广泛，可以是肉食的，以腹足类和其他棘皮动物等为食；也可以是植食的，以各种海藻为食。**栖境：** 世界范围内的水域中，喜在海区礁林间或石缝中，以及坚硬沙泥质的浅海地带栖息。

繁殖 雌雄异体，每年6～7月中旬繁殖。生殖腺位于胆壳内间步带区，每个有一很短的生殖导管，穿过生殖板以生殖孔开口在体外。雌雄个体将精子和卵子释放入海，然后精、卵在海水中受精。雌体一年排卵数次；受精卵经一段时间孵化为一个自由游泳的长腕幼体，经几周的游泳取食后沉入水底，并不附着，很快变态成成体，这时成体仅约1毫米，之后逐渐发育成长。

体色一般较深，如有绿色、橄榄色、棕色、紫色及黑色，无腕

| 礁石海胆 | ▶ | 海胆科，海胆属 | *Echinometra viridis* A.A. | Reef urchin |

礁石海胆

生活环境： 浅水域泥沙中、岩石或珊瑚礁附近

礁石海胆喜欢在珊瑚礁或岩石附近生活，有时仅通过颜色甚至不能发现它的存在，使它在不经意间躲过了天敌的追杀，以至于在地球上生活了好多年。

形态 礁石海胆身体呈椭圆形，直径约5厘米，体色为红棕色，身上带有绿色的刺。刺长3厘米，基部为灰白色，尖端为较深的颜色，一般为紫色，无腕。内骨骼互相愈合，

一般身体是红棕色的，但身上的刺为绿色，这种颜色有点类似于礁石的颜色

形成一个坚固的壳，壳分为三个部分：第一部分最大，由20多行多角形骨板排列成10个带区，5个具管足的步带区和5个无管足的步带区相间排列，各骨板上均有疣突和可移动的长棘；第二部分为顶系，位于反口面中央；第三部分为围口部，位于口面，有5对排列规则的口板，各口板上有一管足。

习性 **活动：** 不能很快地移动，在周围食物丰富时很少移动，每天仅移动几厘米；常在夜间捕食。**食物：** 食性广泛，可以是肉食的，以腹足类、其他棘皮动物、小型鱼类等为食；也可以是植食的，主要以各种海藻为食。**栖境：** 西太平洋和加勒比海，栖息在水深15米左右的浅水域的泥沙中、岩石或珊瑚礁附近。

繁殖 雌雄异体，每年4～11月繁殖；生殖腺位于胆壳内间步带区，每个有一很短的生殖导管，穿过生殖板以生殖孔开口在体外。雌雄个体将精子和卵子释放入海，然后精、卵在海水中受精。雌体一年排卵数次；受精卵经一段时间孵化为长腕幼体，经几周的游泳取食后沉入水底，并不附着，很快变态成成体，之后逐渐发育成长。

| ▶ | 别名：不详 | 自然分布：西太平洋和加勒比海 |

紫色球海胆

生活环境: *潮间带下、近海岸地区*

　　紫色球海胆看上去像一个大刺猬，但比刺猬漂亮多了。这一身刺是紫色的，基部带有一些翠绿色，当它趴在岩石附近静止不动时，就像一朵盛开在岩石滩的紫罗兰花。

身体呈球形，上面还带有很多的长刺

形态 紫色球海胆身体呈圆形，直径约13厘米。体色为深紫色，身上的刺也为紫色；刺中等长度，基部为翠绿色，尖端颜色为更深的紫色，无腕。内骨骼互相愈合，形成一个坚固的壳，壳分为三个部分：第一部分最大，是由多角形的骨板排列而成5个步带区，上面有孔，管足从孔中伸出，末端较细，其上通常有吸盘；第二部分为顶系，位于反口面中央；第三部分为围口部，位于口面，有5对排列规则的口板，各口板上有一管足。

习性 **活动:** 只能用管足和棘在坚硬的物体表面移动，但移动速度缓慢，在周围食物丰富时很少移动，每天仅移动几厘米。**食物:** 食性广泛，可以是肉食的，以腹足类、其他棘皮动物、小型鱼类等为食；也可以是植食的，主要以各种海藻为食。**栖境:** 栖息在潮间带下或近岸的泥沙中、岩石或珊瑚礁附近。

繁殖 雌雄异体，寿命达70年。生殖腺位于胆壳内间步带区，成熟时很长，悬垂在体腔内，每个生殖腺有一很短的生殖导管，穿过生殖板以生殖孔开口在体外。雌雄个体将精子和卵子释放入海，然后精、卵在海水中受精。雌体一年排卵数次。经一段时间受精卵孵化为长腕幼体，经几周的游泳取食后沉入水底，并不附着，很快变态成体。

海果 ▶ 球海胆科，球海胆属 | *Paracentrotus lividus* L. | sea urchin

海果

生活环境： 浅水域的岩石、珊瑚礁附近或特定种类的水草上

海果的颜色多种多样的，刺很尖，一般是紫色的，当它静止不动时，就像一朵美丽的紫罗兰花；它还有褐色的，看上去就更像一只大大的刺猬。

形态 海果身体呈圆形，直径最大可达到7厘米。背腹扁平，身上常带有一些长且尖的刺，刺通常为紫色，也具有其他的颜色，如深棕色、浅棕色或橄榄绿色；步带区上常有5～6对孔，管足从孔中伸出，末端较细，排列成弧形。

习性 活动：只能用管足和棘来活动，移动速度缓慢，在繁殖季节常聚集到一起。**食物**：食性广泛，可以是肉食的，常以腹足类、其他棘皮动物等为食；也可以是植食的，以各种海藻为食。**栖境**：地中海和东太平洋地区，栖息在水温10～15℃、水深20米的岩石、珊瑚礁附近或特定水草上，如海带草、波西多尼亚海草等。

繁殖 雌雄同体，异体受精。繁殖季节雌雄个体聚集在一起，将精子和卵子以水柱形式释放入海，然后在水中受精，形成受精卵。受精卵经一段时间孵化为幼体，幼体行浮游生活；28天后幼体变态为成体，并在海底固着。

身体圆圆的，体型差异很大，上面长满了刺

▶ 别名：紫海胆 | 自然分布：地中海、东太平洋地区

PART 10
144~198页

海洋鱼类

| 叶海龙 | ▶ | 海龙科，叶形海龙属 | *Phycodurus eques* Günther | Leafy seadragon |

叶海龙

生活环境：较浅或较深的海域

叶海龙的身体由骨质板组成，它们并不带来使叶海龙前进的推进力，而仅仅只是为了将它伪装成海藻，安全地隐藏在海藻丛生、水流极慢且未受污染的近海水域中栖息与觅食。当它们在水中游荡的时候，看上去不过就是在水面漂浮的海藻一样，因此，人们又称它为"藻龙"。

形态 叶海龙长相与海马很相似，它的体型中等，体长20～24厘米，它的身体是由骨质板组成的，且延伸出一株株像海藻叶瓣状的附肢，身体的颜色可以随环境的变化而变化。

习性 **活动**：不易游动，经常保持静止不动，只是通过独特的前后摇摆的运动方式伪装成海藻的样子，在水面漂浮。**食物**：杂食性，常以小型甲壳类、浮游生物、海藻及其他细小的漂浮残骸等为食。**栖境**：幼体一般生活在较浅的水域，而成体叶海龙则常生活在10米以下的海域，一般栖息深度为4～30米。

繁殖 每年3～10月繁殖，在交配期间，雌海龙将大约120个卵排在雄海龙尾部的由两片皮褶成的育婴囊中，由雄性叶海龙负责受精、孵化，30～35天后孵化出约20毫米长的小海龙；但叶海龙从产卵、受精、孵化到存活其概率都非常低，在自然环境里仅有5%。

会延伸出一株株像海藻叶瓣状的附肢，覆盖着全身

栖息在礁沙混合区海域，但在50米深的水域也可以发现它的踪影

| ▶ | 别名：藻龙、枝叶海马、叶形海龙 | 自然分布：澳大利亚南部及西部海域 |

草海龙

生活环境：隐蔽性较好的礁石、海藻丛生的浅海低温水域

　　草海龙是海洋生物中杰出的伪装大师，还利用独特的前后摇摆的运动方式伪装成海藻在水面漂浮的样子，只有在摆动它的小鳍或转动两只能够独立运动的眼珠时，才会暴露行踪。

形态 草海龙体长45厘米，身体由骨质板组成，且延伸出一株株像海藻叶瓣状的附肢。成体的体色可因个体差异以及栖息海域的深浅而从绿色到黄褐色变化。

习性 **活动：**不易游动，经常保持静止不动，通过独特的前后摇摆的运动方式伪装成海藻的样子，在水面漂浮。**食物：**杂食性，以小型甲壳类、浮游生物、海藻及其他漂浮残骸等为食。**栖境：**隐蔽性较好的礁石及海藻丛生的浅海低温且波浪较少的水域，环境温度为10～12℃。栖息深度为4～30米；幼体一般生活在较浅水域，成体则喜欢生活在10米以下的海域。

繁殖 繁殖具有"角色颠倒"的现象，繁殖季节在每年3月到隔年8月。交配期间，雌海龙将150～250个卵排在雄海龙尾部的由两片皮褶成的育婴囊中，由雄性负责受精、孵化，约2个月后孵化出小海龙。但草海龙从产卵、受精、孵化到存活，其概率都非常低，在自然环境里仅有5%。

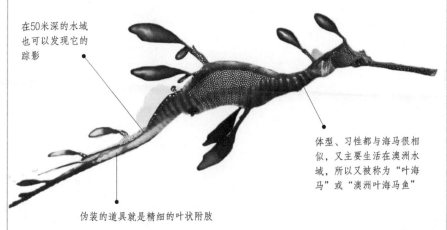

在50米深的水域也可以发现它的踪影

体型、习性都与海马很相似，又主要生活在澳洲水域，所以又被称为"叶海马"或"澳洲叶海马鱼"

伪装的道具就是精细的叶状附肢

别名：叶海马、澳洲叶海马鱼 ｜ **自然分布：**杰洛顿、塔斯曼尼亚一带海域

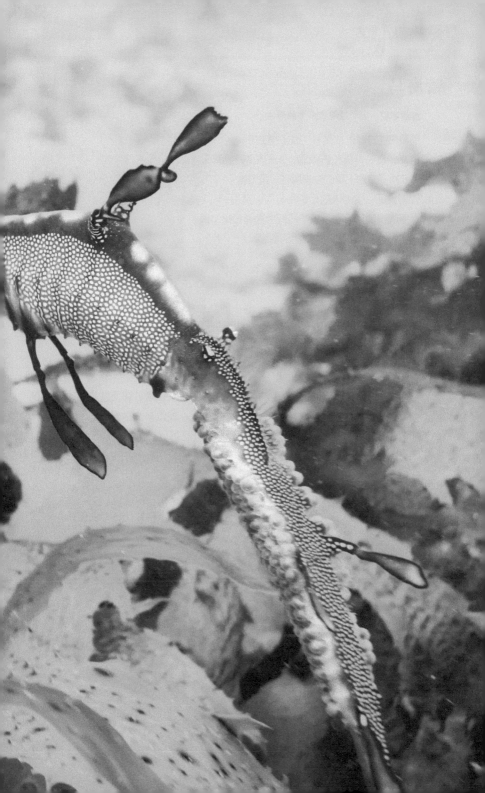

| 管海马 | ▶ | 海龙科，海马属 | *Hippocampus kuda* Bleeker | Estuary seahorse |

管海马

生活环境：藻类或海草丛生的海域

管海马在古时候被赋予了很多的美好象征意义，在古希腊和古罗马，人们相信海马是波塞冬或海王星的海神属性，是力量和权力的象征；欧洲人则相信海马可以携带死去水手的灵魂到地府，给他们安全通道和保护，直到他们达到自己的灵魂目的地。

形态 管海马体延长，体长17～30厘米。身体由一系列骨环所组成，身体表面无鳞、无尖锐的棘，体色通常为黑色，上面带有一些小的颗粒状物。头部较大；口小而粗壮，吻突出，呈管状；角瘤较小，有时带有一些丝状物；成体背部带有黑色鱼鳍，无尾鳍。

习性 活动：游泳能力弱，常以尾部缠绕在海草、珊瑚或石块上。**食物**：肉食性，常以小型无脊椎动物及其他浮游生物或有机质等为食。**栖境**：藻类或海草丛茂盛的海域，适应力强，略能忍受盐度变化，既可以生活在波浪较少的海底，也可以生活在近岸岩石附近，栖息深度0～8米，在水深55米处也可以生活。

繁殖 具有"角色颠倒"的现象，交配期间雌海龙将150～250个卵排在雄海龙腹部的孵卵囊中，由雄性负责受精、孵化。孵卵囊具有血管丰富的绒毛，围绕在受精卵周围，形成胎盘，提供营养。一段时间后孵化出小海马；当小海马长出孵卵囊时便成熟，可以独立生活。

体色可以随环境而变，从黄色、褐色、黑色甚至橘红色都有

| ▶ | 别名：库达海马 | 自然分布：日本、新加坡、菲律宾及中国台湾、香港、渤海、东海 |

吻海马

生活环境： 珊瑚礁或海草丛生的海域

吻海马的本性温和，不会凶残地捕食猎物。最有趣的是它的发情期，雄海马会不断变化体色并且展示腹袋来吸引雌海马，并跳一种优美的舞蹈，如果彼此接受，它们便相互缠住尾巴一起"跳舞"。

幼体常生活在较浅的水域，成体生活在较深的水域

形态 吻海马体长约17.5厘米，身体由一系列的骨环所组成，身上无尖锐的棘。雌性与雄性很容易区分，雄性体色为橘黄色，雌性为黄色。

习性 **活动：** 不常游动，游泳能力弱，常以尾部缠绕在海草、珊瑚或石块上，有时会游到中水区。**食物：** 肉食性，以小型无脊椎动物及其他浮游生物或有机质等为食。**栖境：** 珊瑚礁及海草床上，尤其是柳珊瑚附近，栖息深度约55米。

繁殖 具有"角色颠倒"的现象。交配期间，雄海马会发情，不断变化体色、展示腹袋来吸引雌海马，并一直舞动着身躯，如果彼此接受，便缠住尾巴交配，然后雌海马把卵产在雄海马的孵卵袋里，一般产卵约60粒；约14天后，雄海马会孵出50～400只小海马；当小海马长出孵卵囊时便成熟，可以独立地生活了。

雌雄性身上都带有零星的棕色或白色斑点，求偶期这些斑点会变成粉色或白色

黑环海龙

生活环境： 湿地、沙地、礁区的外缘、洞穴或裂缝处

黑环海龙生性温和且胆小怕事，容易受到其他鱼类的干扰，不易存活。但2014年，屏东海洋生物博物馆模拟黑环海龙的栖地环境，共培育出124条体长约7厘米的幼年黑环海龙，平均存活率约37%，是全球首个成功繁育黑环海龙的案例。

● 身体特别长和纤细，无鳞，由一系列的骨环所组成

形态 黑环海龙体长约19厘米，体色一般为白色或黄绿色，身上有大约30个黑色的环，环排列整齐。吻长明显长于后头部，吻部背中棱完全，两侧各有一个棘列；主鳃盖只是一个黑带，有一个完全的中纵棱；躯干部的上侧棱与尾部上侧棱不相连接，中侧棱则与尾部下侧棱相接；尾巴为亮红色，且带白边，尾鳍为圆形。

习性 **活动：** 不常游动，游泳能力弱，尾部不能卷曲，也不能缠缚在其他物体上。
食物： 肉食性，常以小型无脊椎动物及其他浮游生物或有机质等为食，如海虾、孔雀鱼仔鱼、草虾、蚊卵及水蚤等。**栖境：** 湿地、沙地、礁区的外缘、洞穴或裂缝处，生活在热带及亚热带的部分水域中，栖息水温范围为24～27℃。

繁殖 具有"角色颠倒"的现象。在交配期间，雌雄海龙会相互缠绕交配，然后雌海龙把卵产在雄海龙的孵卵袋里，由雄性海龙负责受精、孵化。雄性的孵卵袋由腹面两侧皮褶与骨板所形成。雌性产卵约150粒，经过一段时间受精卵会孵出小海龙。

石头鱼　▶　　鲉科，环毒鲉属　|　*Synanceia verrucosa* B.&J.G.S.　|　Ringed pipefish

石头鱼

用脊背上那12～14根像针一样锐利的背刺刺向敌人，然后发射出致命的剧毒，将敌人杀死

生活环境： 18～25℃杂藻丛生的大海岩礁底层

石头鱼貌不惊人，喜欢躲在海底或岩礁下，伪装成一块不起眼的石头。即使站在它身旁，它也一动不动，让人发现不了。但如果敌人不留意碰着它，它就会毫不客气地反击，用脊背上的刺刺向敌人，发射出致命剧毒，将敌人杀死。

形态　石头鱼体长30～40厘米，最长可达51厘米。身体厚圆且有很多瘤状突起，好像蟾蜍皮肤。身体表面无鳞，但有硬棘。眼长在背部，特别小，眼下方有一个深深的凹陷。嘴弯成月牙形。鱼脊灰石色，隐约露出石头般的斑纹；鱼腹圆鼓，白里泛红。尾部较扁，侧面稍窄。

习性　**活动：** 游泳能力较弱，常在海底或岩礁下静止不动，捕食时从不主动出击，常守株待兔等待食物的到来，然用后有毒的硬棘杀死猎物。**食物：** 肉食性，以小型无脊椎动物及其他浮游生物等为食，如海虾、孔雀鱼仔鱼、草虾、甲壳动物等。**栖境：** 任何海域，热带及咸淡水交界处较多，栖息在杂藻丛生的岩礁底层。

繁殖　卵生，6～7个月可成熟，寿命为4～5年。雄鱼身体细长，发情时胸部特别红；雌鱼腹部非常鼓，以便受精。繁殖水温为25～26℃，交配时，雌雄鱼在充满岩石的海床底钻来钻去，然后雌性在岩壁上产卵，每次产卵500～600枚。经一段时间发育后，受精卵即可孵化为幼鱼。

体色常呈棕色或灰色，可随环境不同而复杂多变

▶　别名：老虎鱼　|　自然分布：菲律宾、印度、日本和澳洲及中国台湾、上海、浙江、江苏、广东

| 圆鳍鱼 ▶ | 圆鳍鱼科, 圆鳍鱼属 | *Cyclopterus lumpus* L. | Lumpsucker |

圆鳍鱼

生活环境: *北极一带20~200米深处冷水域礁石上*

鱼类中的"矮粗胖"

圆鳍鱼身材短小, 但它的体色非常多样, 颜色较为鲜艳, 大大地弥补了身高上的不足。最有趣的是它的腹鳍, 可以合成一个圆盘状的吸盘, 吸附在岩石上。当它在水中游累了的时候可以吸附在岩石上歇息一下。

形态 圆鳍鱼体型短小, 雄性全长30~40厘米, 雌性体长略长, 但不会超过50厘米, 身体呈圆球形, 体色非常多变, 可以为蓝色、绿色、橄榄色、黄色或棕色, 身体背面有一条脊状突起, 两个侧面均有3条很大的骨节; 雄性的头部和胸鳍较雌性的大; 腹鳍左右分开, 合起来便形成一个圆盘状的吸盘。

习性 **活动:** 游泳能力非常弱, 稍微游一下便立刻以腹鳍形成的吸盘吸在岩石上, 以便支撑着身体。**食物:** 肉食性, 以小型无脊椎动物及其他的浮游生物等为食, 如海虾、孔雀鱼仔鱼、草虾、甲壳类等。**栖境:** 可以生活在北极一带20~200米深处, 栖息在冷水域的礁石上; 幼体常生活在较浅的水域, 成体生活在较深的水域。

繁殖 卵生, 每年春季交配。交配时雄性体色变为橘红色, 雌性颜色略浅; 繁殖发生在近海岸, 雄鱼先在浅水中找寻合适的产卵位置, 然后雌性在该处产卵, 每次产卵10000~35000个。然后由雄性负责孵受精卵; 经1个月后, 孵化为幼体。初孵的幼体在近海岸生活并随着海草漂浮, 随着逐渐发育成长, 可在较深水域游动并且捕食。

北极一带200米深处生长的纯野生鱼种, 腹鳍有类似虾虎鱼类腹鳍愈合成一盘状吸盘的特征

体表有肿瘤状或毛状的突起物

| ▶ | 别名: 浪浦斯鱼、海参鱼、海参斑 | 自然分布: 北太平洋、北极一带 |

大弹涂鱼

生活环境： 沿海的泥滩或咸淡水交汇处

每当到了繁殖季节，雄性为了吸引雌性会使出浑身解数，首先为增加诱惑力，常将体色从土褐色变成较浅的灰棕色，以此与黑黝黝的泥土形成反差；不仅如此，它还会往嘴、腮腔内充气而使头部膨胀，同时还可以通过将背弯成拱形、竖起尾鳍、不断扭动身体等挑逗性动作来引诱雌鱼。

形态 大弹涂鱼身体延长，体长一般为10～20厘米；侧面较扁。身体呈深褐色，身上长有小圆鳞。头较大，近圆筒形；胸鳍基部宽大，有黄绿色虫纹状图案；腹部灰色，背侧有6个黑色条状斑块，背鳍二个，第1背鳍很小，第2背鳍与臀鳍均较长，腹鳍愈合成吸盘；尾鳍呈楔形，又宽又大，其上有蓝色小圆点。

习性 **活动：** 游泳能力非常弱，能在泥、沙滩或退潮时有水的浅滩或岩石上爬行，善于跳跃，受惊时借尾柄弹力迅速跳入水中或钻洞穴居，以逃避敌害。**食物：** 杂食性，常以滩涂上的底栖藻类、小昆虫等小型生物为食。**栖境：** 沿岸的泥滩或咸淡水交汇处，栖息于港湾或河口潮间带淤泥滩涂上。

繁殖 每年4～9月交配，繁殖盛期为5～7月，雌体泄殖孔为色红，大而圆，雄性泄殖孔狭长，雌雄交配后，在水温26.5～29.2℃、盐度2.5%～2.7%的条件下，雌性在滩涂洞穴中产下受精卵，受精卵经87个小时左右孵化，仔鱼破膜而出。仔鱼生长速度缓慢，一个月后才可长到13毫米。

眼小且互相靠拢，高高地长在头顶之上，下眼睑发达；口大，有些倾斜，两颌长相等，其上各有1行牙，上颌牙呈锥状，下颌牙斜向外方，呈卧状

翱翔蓑鲉

生活环境： *泄湖、珊瑚礁盘或岩礁附近水域*

翱翔蓑鲉外形华美，色彩艳丽，身体的形状与蝴蝶很相似，但它可并非善类，它的胸鳍和背鳍都有毒，常常有猎物丧生在它的毒爪之下，因此，被称为"海洋里的毒皇后"，也被称为"会游泳的蝴蝶"。

形态 翱翔蓑鲉体型中小，体长约47厘米，为体高的2.8倍，身体呈红色，体被圆鳞，身体侧扁；头略侧扁，上枕骨有1个高棱，眶下棱上有小棘，两眼之间具有密布的小鳞；胸鳍延长，越过尾鳍基底，鳍条均不分支；背鳍鳍棘分离，显著延长，第二背鳍、尾鳍和臀鳍有许多暗褐色斑点；腹鳍有5~6行暗色横纹，其上散有黄斑。

习性 **活动：** 可以游动，白天躲藏在隐蔽处，几乎不动，在夜间出来捕食。**食物：** 肉食性，常以无脊椎动物、浮游生物等小型生物为食，如小鱼、虾、蟹等。**栖境：** 泄湖（环礁湖）和珊瑚礁盘或岩礁附近的水域，栖息深度大约50米。

繁殖 准备繁殖时，雄性体色会变暗，身上的条纹淡化；带有成熟卵子的雌性体色变得更加苍白，其腹部、咽及嘴变为银白色，以便更容易被雄性发现。雄性在天黑前开始求偶，发现雌性后，会游到其身旁，围绕雌性游动，盘旋数次，然后上升到水面，最后在略低于水面处，雌性释放卵子。卵子在海面浮动约15分钟后，卵囊的黏液管被海水填满，成为直径在2~5厘米的椭圆形的球，每个球内的卵子的数量为2000~15000个。雌性释放完卵子后，雄性才会释放精子，穿透黏膜球，进入卵子形成受精卵。受精后12小时胚胎开始形成；18小时头部和眼睛便有所发育；36小时后，幼鱼孵化；4天后幼鱼能够游泳。

张开的胸鳍形状酷似古代的蓑衣

别名： 红色狮子鱼 | **自然分布：** 太平洋、印度洋东部、日本、韩国、新西兰

双指鬼鲉

生活环境：沿海的泥沙、礁石、海藻丛中

双指鬼鲉不仅十分聪明，而且十分凶猛，它的体色会随环境变化而变化，可以模拟出礁石及海藻的模样，这样不仅可以成功躲过天敌的捕杀，还可以悄无声息地捕获自己的美食，而且它的鳍棘可以分泌神经性毒素，是鱼毒中最厉害的一种，可以迅速置人于死地；另外由于它胸鳍上有2根指状的鳍条，所以，将它命名为"双指鬼鲉"。

形态 双指鬼鲉体长25厘米，体色为红色或土黄色，身体表面不规则，上面带有棘和些许瘤状突起，瘤状突起的颜色较浅；头部扁平且向下凹陷，眼眶上缘凸出；胸鳍有2根指状游离鳍条，背鳍连续，硬棘部分有丝状小触须；背鳍软条部、胸鳍及尾鳍的边缘都各有一宽大的黑带。

习性 **活动**：不善于游动，常以胸鳍在海底的泥沙或岩石上爬行。**食物**：肉食性，常以无脊椎动物、浮游生物等小型生物为食，如小鱼、虾、蟹等。**栖境**：沿海的泥沙、礁石及海藻丛中，常生活在暖水域中，栖息深度大约5~80米。

繁殖 雄性开始求偶时，体色会发生变化，变得可以和周围的环境区分开。当它发现已经有雌性被吸引后，便会迫不及待地来到它身边，与雌性交配；交配后，雌性在礁石的隐秘处产受精卵；经过12小时，胚胎开始形成；18小时，头部和眼睛便开始发育；36小时后，幼鱼孵化；4天后，幼鱼便可以很好地游泳。

身体表面与周围的泥沙、岩石的颜色相同，不易分辨

鳃斑盔鱼 ▶ 隆头鱼科，盔鱼属 | *Coris aygula* Lacépède | Clown coris

鳃斑盔鱼

上下颌突出，
下颌往后逐渐变小

生活环境： 沿海的泥沙、礁石及珊瑚礁中

鳃斑盔鱼的身上常会有一些浅浅的颜色，通过这些颜色来感知同类并传递一些危险信号，但这种功能只有在水流清澈的珊瑚礁地区才能实现，其他时候会则无。

形态 鳃斑盔鱼身体延长而侧扁，体长可达120厘米。成体体色多样，可以为墨绿色或身体前端带有浅色条纹，且头、体背与鳍上都具红点，鳃盖膜有一块黑斑。成鱼头部眼上方有一个肉峰；背鳍连续，腹鳍延长成丝状；尾鳍延长成梳状。幼鱼为圆形背鳍，臀鳍及尾鳍为白色，其上散布黑点，背鳍前后各具2个大眼斑，在背鳍眼斑的下方具一个大红斑。

习性 活动：不善于游动，常在泥沙或岩石隐蔽处过夜，捕食时会将隐蔽自己的石块翻过来以捕食猎物。食物：肉食性，常以带壳的无脊椎动物、浮游生物等小型生物为食，如小鱼、虾、寄生蟹、海胆等。栖境：沿海的泥沙、礁石及珊瑚礁中，生活在热带暖水域中，水温24～28℃，栖息深度为2～30米。

繁殖 雌性先成熟，最初产生的个体是雌性，部分雌性可以转化为雄性，逐渐发育产生生殖腺。雄性的精子和雌性的卵子都通过泌尿生殖管释放入海，形成受精卵，通常产在珊瑚礁外边缘，经一段时间发育为鱼苗，经多个阶段发育才能长成幼鱼。

成体和幼体之间有很明显的区别，幼体体色为白色或橘黄色，头与身体前半部散布着黑点

▶ 别名：红喉盔鱼 | 自然分布：红海、非洲沿岸、莱恩群岛、迪西岛、豪勋爵岛及中国台湾

黄斑海猪鱼

除眼后上方外，头部无鳞

生活环境： 温暖浅水珊瑚礁区、岩岸海域

黄斑海猪鱼长相优美，体色多彩多姿，纹路变化多端，深受人们喜爱，是较适合的水族观赏鱼类。它有斑驳保护色，可以感知危险并通知同类，也可以钻入沙中，或潜水在美丽隐秘的珊瑚礁海域。

形态 成体黄斑海猪鱼身体长，呈椭圆形，侧扁，体长约12厘米。身体为蓝绿色，前半部及头部具红色的水平纵纹，体侧眼斑渐消失；两眼的间隔部位稍微突出；口端位，稍微倾斜；背鳍的棘部尖又硬，背鳍与臀鳍软条后部为尖形，为黄色且具有红色纵纹；腹鳍第一棘稍微延长；尾鳍圆形且具弧形红纹。

习性 **活动：** 不善于游动，常在泥沙或岩石隐蔽处过夜，繁殖期雌性会游到雄性较多的领域。**食物：** 肉食性，以底栖性甲壳类、软体动物、多毛类、有孔类、小鱼及鱼卵为食。**栖境：** 温暖浅水珊瑚礁区及岩岸海域，栖息深度范围为0～15米。

繁殖 雌性先成熟，最初产生的个体都是雌性，然后部分雌性可以转化为雄性，转化过来的雄性逐渐发育产生生殖腺，位于腹腔上部，延长，白色，有输精管，开口于泌尿生殖管。雄性的精子和雌性的卵子通过泌尿生殖管释放入海，形成受精卵，受精卵通常产在珊瑚礁的外边缘，经一段时间发育为鱼苗，经过多个阶段的发育才能长成幼体鱼。

幼鱼为蓝绿色，头及身体上具有许多黄色的平行细纵纹；背鳍中央及前方、尾鳍基部各具有一块镶蓝边的黑斑

北方蓝鳍金枪鱼 ▶ 鲭科，鲔属 | *Thunnus thynnus* L. | Atlantic bluefin tuna

北方蓝鳍金枪鱼

生活环境：热带、亚热带海域

北方蓝鳍金枪鱼是世界上体型最大、速度最快的鱼类之一，鱼雷状的流线型身体使它们速度与耐力兼备，借助强有力的新月形尾鳍，在水中的时速可达70千米。

背部呈金属蓝色，腹部呈银白色，无论从上方还是下方都可以将自己隐蔽起来，成功地躲过敌人的追杀

形态 北方蓝鳍金枪鱼身体粗壮，呈椭圆形，侧扁，体长2~2.5米。全身被鳞，身体背面为深蓝色，腹面为灰色，闪着金属光芒。头呈圆锥形，嘴特别大；胸鳍短小，末端不到第一背鳍的中央，上面的血管非常明显；尾柄隆起崤呈黑色，尾鳍为浅黄色，呈交叉状。

习性 **活动**：运动能力极强，游动速度极快，在水中时速可达70千米，可做长距离迁徙。**食物**：肉食性，常以小鱼和无脊椎动物为食，如沙丁鱼、鲱鱼、鲭鱼、鱿鱼和甲壳类等。**栖境**：热带、亚热带海域，栖息深度范围极广，5000米以下也见。

繁殖 生活在大西洋的北方蓝鳍金枪鱼分为两个系群，产卵场分别在地中海东部和墨西哥海湾，生活在不同海域的个体成熟时间不同，繁殖时常聚集在一起。雌雄交配、受精后，雌性可产生大约3千万个受精卵，经一段时间孵化出幼体小鱼，再经过几个阶段发育逐渐成熟。成熟年龄在8~10岁，成体寿命很长。

▶ 别名：黑鲔鱼、北方蓝鳍吞拿鱼 | 自然分布：太平洋的西部和东部、地中海、黑海

旗鱼

生活环境： *沿岸、岛屿的邻近水域处*

旗鱼的长相非常独特有趣，辨识度极高，它的上颌特别长又很尖，像一把剑，它的尾分叉呈"八"字形，它的背鳍长得又长又高，竖展时仿佛是船上扬起的一张风帆，又像扯着的一面旗帜，所以人们将它命名为"旗鱼"。

形态 旗鱼体形钝圆强壮，呈纺锤形，尾柄很宽，呈"八"字形分叉。体色一般为青褐色，身体上镶有灰白色的斑点，这些圆斑成纵行排列，看上去像一条条圆点线，但体色也有其他颜色，如红、淡黄、蓝、紫红等色。头吻部钝圆，上颌像剑一样向前突出。第一背鳍长得又长又高，前端上缘凹陷，外边缘呈弧形，像一面旗帜。臀鳍小于背鳍，外缘也呈弧形。尾鳍外缘平直。

习性 **活动：** 生性凶猛，游泳敏捷迅速，攻击目标时时速可达177千米，最快可达190千米，是吉尼斯世界纪录中速度最快的海洋动物，可潜入800米深的水下。**食物：** 肉食性，以鲹鱼、乌贼、秋刀鱼、飞鱼、乌贼、鱿鱼等为食。**栖境：** 沿岸、岛屿的邻近水域处，生活在热带和温带水域的温水层中，栖息深度范围广泛，800米以下也有分布。

繁殖 繁殖期时雌雄鱼容易分辨，成熟生殖期的雄鱼体色艳丽，体上星条纹散乱不齐；雌鱼体色较暗，腹部宽大肥满；雌雄交配、受精后，雌鱼会延续排受精卵6~7天，每天产10~20余粒不等；然后由雄鱼来照顾受精卵，经过1周左右，仔鱼陆续破膜而出，经几个阶段发育成熟。

| 梭鲈 | ▶ | 鲈科，梭鲈属 | *Sander Lucioperca L.* | Pike-perch |

梭鲈

生活环境：*水质清新、水体透明、溶氧量高，并具有微流水的环境*

　　梭鲈相貌优美，体态优雅，游动迅速，在欧洲有"水中王子"之称。它的抗病能力极强，生长速度快，肉质细嫩，肌间刺少，营养价值极高，是人们追求的餐桌美味，有"淡水鱼王"的美称。

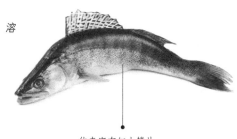

体表密布细小鳞片

形态 梭鲈体长40~80厘米，最长120厘米，身形如梭，身体浅黄色，体表有十条黑色条纹；头部较小，口前位，口间距不大，上下颌有颚齿和犬齿，吻尖，鳃部有锐利的小刺。腹部呈淡黄色、黄白色或淡青色色调，两侧有大致纵行黑色不规则色素斑8~12条。腹鳍在胸部稍后于胸鳍的位置。背鳍较长，分为前后两个部分，尾鳍为分叉的正形尾。

习性 活动：生性凶猛，游泳敏捷迅速，有昼伏夜出的习惯，一般傍晚后出来觅食，受到惊扰立刻潜入水下。食物：肉食性，常以小鱼、小虾、软体类动物、甲壳类动物等为食，饥饿时，可以吞食其自身体长2/3的鱼苗。栖境：水质清新、水体透明、溶氧量高，并具有微流水的环境中，为中下层鱼类，多栖息在较深的水层。

繁殖 性成熟年龄一般雌性为3~5龄，雄性为2~4龄，一次性产卵。在繁殖季节雄鱼选择适宜的生态环境，用鳍和身体将植物根须、沙砾等筑成相当于体长2倍的产卵巢，然后将成熟的雌鱼赶进鱼巢进行繁殖。受精后雌性产受精卵，产量为30万~40万粒，受精卵粒淡黄色，具黏性，受精卵径1.1~1.6毫米。雌鱼产受精卵后由雄鱼护巢，雄鱼用鳍扇动水流增加溶氧和清除泥沙，并驱赶靠近鱼巢的杂鱼，直守护到孵出鱼苗。

| ▶ | 别名：小狗鱼 | 自然分布：欧洲咸海、黑海、里海及中国新疆伊犁河水系和额尔齐斯可 |

东星斑

生活环境： *外海和珊瑚礁丰富处*

　　东星斑的名字是根据它的身体特征和原产地而来。从长相上来看，它身上布满白色细小斑点，像极了天上的星星，因而被称为"星斑"；至于"东"字，是因为它产自中国东部的东沙群岛，故得名"东星斑"。

形态 东星斑体型细长，身体颜色多样，有蓝色、红色、褐色及黄色等，头部细小，体表具有许多细小的白色的圆鳞片；眼为蓝色，其中有乌黑的瞳仁；胸鳍较小，背鳍连续，胸鳍、背鳍、尾鳍均为灰色。

习性 **活动：** 生性凶猛，游泳敏捷迅速，常和其他同类打架；猎食时凶猛，常将整个猎物吞下。**食物：** 肉食性，成体以海鱼、鱿鱼、小虾、软体类、甲壳类动物为食；幼体以甲壳类动物为食。**栖境：** 外海和珊瑚礁丰富处，栖息深度不超过500米。

繁殖 雌雄同体，雌性个体先于雄性成熟，待其生长到42厘米时，转变为雄性，为交配做准备。繁殖时，雄性试图通过展示它闪动的黑色边缘的鱼鳍来吸引雌性，当发现雌性被吸引时，会迅速游到雌性身边，以头部或身体下半部去接触雌性。求爱成功后，雌雄个体来到岩石表面释放精子和卵子，可持续30～40分钟，然后形成受精卵。受精卵的孵化需要20～45小时，刚孵化的个体从卵黄囊中获取营养，当卵黄囊被完全消耗后，幼体可以自己捕食。寿命可达16年。

比一般斑鱼瘦长 ●————

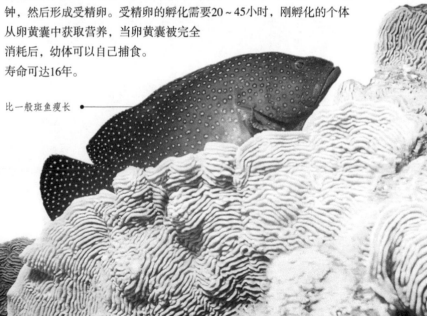

| 龙趸 | ▶ | 鲬科，石斑鱼属 | *Epinephelus lanceolatus* Bloch | Giant grouper |

龙趸

生活环境：热带、亚热
带海域底层

龙趸是人们一直青睐的
鱼类，特别是超过150千克的大
龙趸，据说已有四五十年的海上生活
经验，所以很难捕捉到，偶尔捕获便
可成为罕见之物。

[形态] 龙趸成鱼一般体长2.7～4.2米，身体呈长椭圆形，侧扁，体色一般为青褐色；
幼体的身上带有不规则的黑色和黄色斑点，成体则带有灰绿色或墨绿色较暗的斑
块；成体口特别大，吻短而钝圆；头部、体侧及各鳍上均散布着很多青黑色斑点；
尾部为圆形。

[习性] **活动**：体型笨重，游泳速度不快，但因其身体构造较特殊，故往往以突袭方
式来捕食，令猎物猝不及防。**食物**：肉食性，常以各种海鱼、鱿鱼、小虾、幼体海
龟、甲壳类动物等为食。**栖境**：热带、亚热带海域的底层，多栖息于有珊瑚礁区的
浅海中，栖息深度最深可达60米。

[繁殖] 雄雌同体，具有性转换特征，首次性成熟时全为雌性，次年再转换成雄性，
因此，雄性明显少于雌性。繁殖期时，雌雄个体通常聚集在一起，分别释放精子和
卵子，时间可持续30～40分钟，然后形成受精卵；受精卵为圆形，具油球；然后由
雄性照顾受精卵的孵化；大约一个星期便可孵化，孵化后，幼鱼就在沿岸生长、发
育；经过几个阶段的
发育才能成熟。

● 身体的颜色随着
年龄而改变，体
被细小栉鳞

| ▶ | 别名：中巨石斑鱼，猪羔斑 | 自然分布：印度洋—太平洋地区、波斯湾、布里斯班可系 |

蓝斑条尾魟

生活环境： 砂质的海底、珊瑚礁附近及海草床附近

越漂亮的东西通常越有毒，蓝斑条尾魟身上鲜亮的蓝色斑点便是一种警告色，常使捕食者不敢靠近。它的尾刺内含有强烈毒素，会给人造成致命危险，而且这种毒刺在失去了之后还会再长出来。

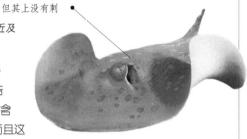

身上带有卵形的大蓝点，蓝点上有阔边，但其上没有刺

形态 蓝斑条尾魟体长可达35厘米，身体呈片状，体色鲜艳，一般呈浅黄色，成年蓝斑条尾魟沿背脊中线有一些突起物；口部为圆形且有角；尾巴粗壮，向后渐渐变细，尾上有沿着尾巴方向的蓝色条纹，尾长35～50厘米，末端有宽阔的尾鳍及比其他魟鱼多的一根刺。

习 **活动：** 游泳能力不强，通过波浪状方式摆动体盘的两侧来游动，白天将鱼体半埋于沙中，借机躲避敌害及偷袭猎物，常夜晚成群出来捕食、活动。**食物：** 肉食性，常以软体动物、多毛动物、虾、蟹类、海底栖息的鱼类等为食。**栖境：** 热带印度洋—西太平洋海域中，栖息在砂质的海底、珊瑚礁附近及海草床附近，栖息深度一般小于30米。

繁殖 卵胎生，繁殖期在每年的春末及整个夏季。繁殖时，它们常聚集在浅水域中，雄性性成熟时，身体的宽度为20～21厘米，雌性为13～14厘米，达到性成熟的雄性常跟随雌性，然后将它捉住，并进行交配，形成受精卵；胚胎最初是由卵黄来提供营养，随着逐渐发育，由组织营养素来提供养料。每个性成熟的雌性每次最多可孕育7个幼体，孕育期持续4～12个月。

別名：蓝点珍珠魟 | 自然分布：印度西太平洋，包括红海、东非、马尔代夫、越南及中国部分海域

| 蝠鲼 | ▶ | 鲼科，蝠鲼属 | *Manta alfredi* J.L.G.Krefft | Reef manta ray |

蝠鲼

生活环境：热带和亚热带的浅海区域

蝠鲼的英文名称为"manta"，源于西班牙语，意为"毯子"，看看它的体型就知道为什么有这样的英文名了。它在海中优雅飘逸的游姿与夜空中飞行的蝙蝠很相似，故得名。

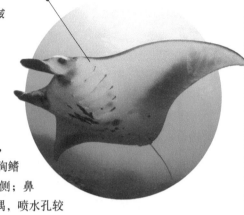

身体呈菱形，扁扁的，像极了一块毛毯

形态 蝠鲼身体平扁，体盘呈菱形，宽大于长，最宽可达8米。头前有由胸鳍分化出的两个突出头鳍，位于头两侧；鼻孔位于口前两侧，出水孔开口于口隅，喷水孔较小，三角形，位于眼后。吻部较宽且横向平整，牙细而多，近铺石状排列。胸鳍长大，肥厚如翼状。腰带呈深弧形，正中部位延长，尖端突出，具一小型背鳍。

习性 **活动：** 游动较缓慢，游泳时头鳍从下向外卷成角状向着前方；也能作出一种旋转状跳跃，随着旋转速度越来越快可迅速上升跳出海面达1.5米。**食物：** 肉食性，以软骨鱼类、浮游甲壳动物、小型鱼类及其他浮游生物为食。**栖境：** 热带和亚热带浅海区域，也可生活在海底，从离海岸较近的表水层到120米深的海水中都见。

繁殖 每年12月到翌年4月繁殖，成群出现在浅海区，通常几只体型较小的雄性跟在体型稍大的雌性身后，经过20～30分钟追逐后，雄蝠鲼则游到雌性身下进行交配，完成交配后雄性离开，接下来第二个雄性重复之前的交配过程，但雌蝠鲼最多只与两个雄性交配，然后形成1～2枚受精卵，在体内发育并孵化出仔鱼。大约13个月后，小蝠鲼会直接从母体中产出，不久就能自由游动，5年可达性成熟。寿命约20年。

▶ | 别名：毯虹、魔鬼鱼 | 自然分布：大西洋、太平洋、印度洋海域及中国东部和南部海域

美洲魟　▶　魟科，魟属 | *Dasyatis Americana* Hildebrand & Schroeder | Southern stingray

美洲魟

生活环境：沙质海底、海草丛、泻湖和礁石旁

美洲魟体型较大，看上去十分笨拙，但它体力好，游动范围十分广泛，可随潮水一起浮动，满潮时便能捕获很多的食物，这也为它远距离活动提供了便利。

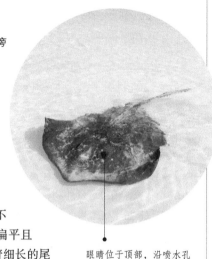

眼睛位于顶部，沿喷水孔
对称排列

形态 美洲魟一般长90厘米，最大长度可达200厘米，体盘扁平，呈菱形，体盘上表面为灰色、褐色或橄榄绿色，下腹主体为白色，间杂着泛白的棕灰边，表面有不规则分布的短刺，幼体体盘灰白色；胸鳍扁平且有锋利的转角，背鳍褶缺失，腹鳍褶连接着细长的尾部，尾基有锯齿形毒刺。

习性 **活动：**夜行性，白天藏进沙子，夜间出来觅食，它们是通过胸鳍的拍动而起伏运动穿水而行。**食物：**肉食性，常以无脊椎动物和小鱼为食，如软骨鱼类、双壳类、蠕虫、小虾、螃蟹等。**栖境：**大西洋西北、西南和中西海域，栖息在沙质海底、海草丛、泻湖和礁石附近。

繁殖 不同地区的美洲魟性成熟期有差异，一般体盘饱满时便进入成熟期，雌性需要5~6年，雄性3~4年，一年繁殖一次，妊娠期125~226天不等，平均175天，交配机制不明确；为卵胎生，未孵化的卵在母体内发育，胚胎早期发育阶段，由卵黄囊补充营养，卵黄囊营养吸收完后，由母体分泌组织营养素孵育胚胎，仔魟出生后亲代便不再提供抚育。

别名：不详 | 自然分布：北起美国新泽西经墨西哥湾北部越过安的列斯群岛延伸到巴西南部

及达尖犁头鳐 ▶ 尖犁头鳐科，尖犁头鳐属 | *Rhynchobatus djiddensis* F. | Giant guitarfish

及达尖犁头鳐

生活环境：沙质海底、珊瑚礁旁

及达尖犁头鳐是我国常见的近海底栖鱼类，身体扁平，头部前方尖尖的，向后逐渐变宽呈三角形向前突出，形状与犁头非常相似。

形态 及达尖犁头鳐体长2.7～3.1米，身体下方扁平，颜色为白色，上方的颜色为墨绿色或橄榄绿色，幼体的身上还带有一些白点；眼为椭圆形，瞬褶较发达，喷水孔后缘有2个皮褶；口横裂，唇褶发达，有很多细小的齿，呈铺石状排列，齿面波曲，吻长而尖突，呈三角形，鼻孔狭长，距口较近，前鼻瓣有一个"人"字形突出；鳃孔狭小；胸鳍前缘可延伸到鼻孔后缘的水平线上；腹鳍距胸鳍有一定的距离；第一背鳍起点稍后于腹鳍起点；尾椎轴有些上翘，尾侧具一皮褶，尾鳍短小。

习性 活动：游动速度较快，一般在高潮时游到珊瑚礁的表面上捕食或避难。食物：肉食性，常以甲壳类和一些贝类等为食，如双壳类、鱿鱼、龙虾、螃蟹、小鱼等。栖境：热带西太平洋、印度洋海域，栖息在珊瑚礁附近、沙质的海底等，栖息深度范围在2～50米，有时生活在含盐量较高的水域中。

繁殖 卵胎生，雄鱼体长大约156厘米时性成熟，雌鱼体长大约177厘米时性成熟，一年繁殖一次，夏季在南非海域繁殖，每次产鱼4～10尾。雌雄受精产下受精卵后，未孵化的受精卵在母体内发育，胚胎早期发育阶段，由卵黄囊补充营养，卵黄囊营养吸收完后，由母体分泌组织营养素孵育胚胎，仔鳐出生后亲代便不再提供抚育。

▶ 别名：笨鲨 | 自然分布：红海、东非、印度洋、印尼、菲律宾、日本

黑身管鼻鲶

生活环境：珊瑚礁或岩礁附近

黑身管鼻鲶体型纤细、高挑，十分美丽，深受鱼类饲养爱好者的喜爱。

雌性是由雄性转变来的，十分有趣

形态 黑身管鼻鲶鱼体极度纤细、延长。幼鱼全体为黑色仅下颌有一黄色条纹；未成熟鱼体为黑色，仅下颌唇缘有一白色条纹，眼虹彩亦为黑色；雄鱼体为蓝色，眼虹彩成为黄色；转变为雌鱼体时，鱼体由蓝色逐渐变黄，终至全身为黄色。吻端至肛门的长度为全长的三分之一，上、下颌齿，锄骨齿单行排列，下颌末端有三根肉质突起；前鼻管前端延伸为皮瓣，呈叶状。

习性 **活动**：一般不游动，偶尔游动时常群集出现，能在水流中敏捷地捕食小型鱼类，对于摇晃的光影、水波的震动及饵食的味道敏感。**食物**：肉食性，以甲壳类和贝类等为食，如双壳类、鱿鱼、龙虾、螃蟹、小鱼等。**栖境**：热带印度洋—太平洋海域，栖息在珊瑚礁或岩礁附近等，栖息深度范围在1～67米。

繁殖 雄性先成熟，繁殖季节雄性转变为雌性，但具体的机制并不十分清楚，一年繁殖一次，常在近岸的浅水域繁殖；雌雄受精产下受精卵后，未孵化的受精卵在母体内发育，胚胎早期发育阶段，由卵黄囊补充营养，卵黄囊营养吸收完后，由母体分泌组织营养素孵育胚胎，仔鲶出生后亲代便不再提供抚育。

幼年一般是黑色的，长大后雄性为蓝色，雌性为黄色

美洲鳗鲡　　鳗鲡科，鳗鲡属 | *Anguilla rostrata* Lesueur | American eel

美洲鳗鲡

生活环境：溪流、小河、淤泥较多的湖泊

　　美洲鳗鲡身体细长，与其他鱼类相比较为柔软，它细长的身体上长了个尖尖的头，看上去就像一条蛇，但它性格十分温顺。

形态 美洲鳗鲡体长大约1.22米，雌性比雄性略长，身体上表面呈灰黑色，下表面为白色，雌性颜色略淡；头部细小而尖锐，眼很小；齿细小，在口中呈梳状排列；鼻孔很大；鳃孔位于胸鳍下部，发育良好，鳃裂较宽；腹鳍、臀鳍、尾鳍常连成一个整体。

雌雄性均身形如蛇

习性 **活动**：一般不游动，白天常在泥土、沙中打洞栖息，夜晚捕食。**食物**：杂食性，以无脊椎动物、死鱼、臭尸、粪球、水中菌类、细小碎屑等为食。**栖境**：非常广泛，可生活在溪流、小河、淤泥较多的湖泊等水环境中，无论是浅水还是深水，咸水还是淡水它们都可以生活。

繁殖 一生只繁殖一次，随机交配，幼体随水流漂流到湖泊、小溪等淡水中取食、成熟，后洄游到含盐量较高水域繁殖，行体外受精；雌性每年产400万个卵，卵径约1.1毫米，而后雌雄个体死亡。受精卵约1周孵化为透明柳叶幼体，头部为一个小点，7～12个月进入玻璃鳗期，身体延长呈弯曲蛇状，透明；一年左右发育为幼体。

别名：不详 | 自然分布：西大西洋、拉布拉多半岛、美国、巴拿马、西印度群岛、加勒比海

欧洲鳗鲡

生活环境： 溪流、小河、淤泥较多的湖泊

欧洲鳗鲡目前处于濒危状况，自从20世纪70年代开始，欧洲的欧洲鳗鲡数目便下降了约90%。

形态 欧洲鳗鲡体圆细长，体长60～80厘米，皮肤黏滑，幼鱼背部体色为橄榄色或灰褐色，腹面为银色或银黄色，成鱼背部黑灰绿色，腹面为银色，鳞片隐藏在鱼皮肤之下；下颌比上颌长，鳃孔在圆形的胸鳍前方；背鳍起点在胸鳍后方较远处，延长的背鳍与臀鳍、尾鳍连在一起，形成一个汇合鳍，这个独特的鳍从肛门到背部中央最少有500个软鳍条。

习性 **活动：** 一般不游动，白天常在泥土、沙中打洞栖息，夜晚时出来捕食。**食物：** 肉食性，常以无脊椎动物、虾、蟹、贝、海虫为食，饥饿时，会进食同科的动物。**栖境：** 常钻洞潜居，可生活在溪流、小河、淤泥较多的湖泊等水环境中，无论是浅水还是深水，咸水还是淡水它们都可以生活，栖息深度1～700米。

繁殖 一生只繁殖一次，随机交配。幼体随水流漂流到湖泊、小溪等淡水中，并在那里取食、成熟；每年秋季成熟的鳗鱼，其眼径变大，内脏萎缩，生殖腺肥大，体色由黄褐变银灰色，将为长途的产卵洄游作准备，然后选择一个没有月亮的夜晚，由河川、湖泊游到大西洋的马尾藻海产卵，其受精卵会在春季和夏初被发现，受精卵大约需要1个星期孵化为柳叶幼体，即柳叶鳗，幼体身体透明，头部仅为一个小点，身体呈柳叶状，开始向咸水中洄游；经过7～12个月，便进入玻璃鳗期，此时身体延长，呈弯曲的蛇状，身体依然透明；经一年左右发育为幼体鳗鲡。

| 鲱鱼 | ▶ | 鲱科，鲱属 | *Clupea pallasii* V. | Pacific herring |

鲱鱼

生活环境：深水域

身体表面有鱼鳞，
且鱼鳞较大

鲱鱼是重要的经济鱼类，其鱼群之密、个体之多，无与伦比，可谓世界上产量最大的一种鱼。当它们成群游动时，场面十分壮观。它们会通过少数颜色鲜明的大型个体作先头部队开路，密集的鱼群紧随其后。渔人常根据岸边水的颜色、海水的动向和窜动的鱼群所溅起的特殊水花以及天空中大群海鸟的盘旋和鸣叫声，来判断出大鱼群来临。

形态 鲱鱼身体呈流线型，体长约33厘米，一般不超过45厘米，体延长而侧扁。身体颜色鲜艳，背部呈深蓝的金属色；腹侧银白色；体侧有银色闪光。头部较小，没有鱼鳞；眼较大，有脂眼睑；前颌骨小，上颌骨为长方形，下颌、犁骨和舌上均有细齿。背鳍位于身体的中部，与腹鳍相对。

习性 **活动：**游动起来非常迅速、敏捷，常成群地做远距离游动。**食物：**肉食性，常以桡足类、翼足类、浮游甲壳动物及其他鱼类的幼体为食。**栖境：**太平洋海域，栖息在水温较低的深水域中，栖息水温不超过10℃。

繁殖 繁殖时，鲱鱼常群集游动；雌鱼产卵，雄鱼排精，排精量很大，海水因此变成了白色的胶状。产卵后鱼群分散，形成的受精卵具黏性，可粘着在海藻上，每条雌鱼可产卵4万枚；约2周受精卵孵出幼鱼。

繁殖期在海岸附近水深8米左右的地方游弋1~2天后，便进入海藻丛生的浅水处进行生殖

▶ 别名：太平洋鲱鱼、青鱼 | 自然分布：北太平洋西部

沙丁鱼

生活环境： 近海暖水域

人们第一次捕获沙丁鱼是在意大利萨丁尼亚，所以古希腊文称其"sardonios"，意思就是"来自萨丁尼亚岛"，也因此，在中国香港，人们又称它为"萨丁鱼"；它用途可多着呢，不仅可以食用，它的鱼油还可以用来制造油漆、颜料和油毡等。

形态 沙丁鱼身体呈流线型，身体细长，体长约15～30厘米，体色为银色，身体的侧面常有一行纵向排列的黑色斑点；头部无鳞，眼较大，下颌较上颌略长，没有明显的齿；背鳍短且仅有一条，没有侧线；尾柄较短，尾鳍呈"八"字形。

习性 **活动：** 游动起来非常迅速、敏捷。**食物：** 杂食性，常以桡足类、翼足类、浮游甲壳动物、短尾类幼体及其他鱼类的幼体为食；幼体常以浮游甲壳类幼体、硅藻和甲藻类为食。**栖境：** 近海暖水域，通常栖息于中上层，但秋、冬季表层水温较低时，则栖息于较深海区，栖息温度为20～30℃。

繁殖 1龄或2龄时开始性成熟，每年的春、夏季为生殖期；繁殖期时，雌雄常聚集到一起，随机交配，然后雌性产受精卵；生殖在半夜进行，雌性的怀受精卵量通常为2.7万～8.4万粒。受精卵球形，可在水中漂浮，成熟受精卵径约为0.6～0.9毫米，在水温大约为17.5℃时，受精卵经56小时孵化为初仔鱼，长约2.3毫米。孵化期和仔鱼期的死亡率甚高，受精卵在孵化时已死亡70%，到受精约50多天时存活率不到0.1%。

常成群地做远距离洄游，具有趋光性 ●————

欧洲鲽

生活环境： *10 ~ 50米多沙的海底*

　　欧洲鲽是一种眼睛都长在一边的奇鱼，被认为活动时需要两鱼并肩而行，所以人们称它为"比目鱼"，它主要产于欧洲，属于鲽科，因此将它命名为"欧洲鲽"。

眼后方至侧线始部之间有1列4～7个骨质突起

形态 欧洲鲽身体呈卵圆形，侧扁，体长可达1米，身体背侧颜色为墨绿色至深棕色，其上带有明显橘黄色斑点，但分布极其不均匀；身体腹侧的颜色为珍珠白色，身上大部分被圆鳞，有部分埋入皮内；两眼位于头的右侧；颌牙侧扁，门牙状，形成切缘，下咽骨宽，具3列臼状牙；背鳍较长，可延伸至眼，背鳍及臀鳍距离尾鳍很远。

习性 **活动：** 白天常在多沙海底打洞，待在里面不活动，夜晚常在浅水域活动。**食物：** 肉食性，以软体动物、蠕虫类、甲壳动物及其他鱼类幼体为食；幼体主要以小虾为食。**栖境：** 北大西洋，生活在多沙海底，栖息深度为10 ~ 50米，最深可达200米，幼体经常出现于沙滩，定居在潮间带上。

繁殖 生命周期复杂，雌性3 ~ 7年性成熟，雄性需3年，繁殖季节会成群游向近海，在那里交配、产受精卵。产受精卵多在12月到次年的5月，雌性1个月会有3 ~ 5天产受精卵。受精卵约2个星期孵化为仔稚鱼，行浮游生活，生活在浅水域；8 ~ 10个星期仔稚鱼经历变态并逐步转移到沙质海底生活，完全成熟后将在产卵场和觅食区之间迁移。

瘤棘鲆 ▶ | 鲆鮃科，瘤棘鲆属 | *Psetta maxima* L. | Turbot

瘤棘鲆

生活环境： 砂质、沙砾或混合底质的冷水海区

瘤棘鲆，在欧洲俗称"欧洲比目鱼"，是世界公认的优质比目鱼之一，它的英文名为"turbot"，在中国被音译为"多宝"，这个名字寓意吉祥，深受港人喜爱，慢慢这个名字便传入了内地，从此"多宝鱼"这个名字便广为流传。

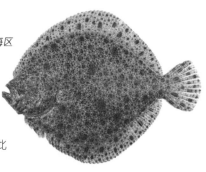

形态 瘤棘鲆身体呈卵圆形，体侧很扁，体长最长可达1米，体长为体高的1.3～1.6倍，身体裸露无鳞，有眼的一侧（背面）呈青褐色，有点状黑色素及少量皮棘，无眼的一侧（腹面）呈白色，体表上还有隐约可见的黑色和棕色花纹；头部较小，两眼均位于头的左侧，口大，颌牙尖细而弯曲；背鳍和臀鳍大部分具有分支的鳍条，尾鳍较小，鳍条为软骨。

习性 **活动：** 白天常栖息在多沙的海底，几乎不活动，到了夜晚，常在浅水域活动。**食物：** 肉食性，常以软体动物、蠕虫类、甲壳动物、小虾及其他小型鱼类为食；幼体主要以甲壳动物为食。**栖境：** 大西洋东侧沿岸，生活在砂质、沙砾或混合底质的冷水海区，栖息深度为20～70米。

繁殖 产卵季节在每年4～8月，雄性一龄便达到性成熟，雌鱼二龄达到性成熟，自然成熟期在每年5～8月；雌雄性交配后，产下受精卵；受精卵可在水中漂浮，孵化水温为12～15℃；经一段时间后受精卵孵化出仔鱼，仔鱼行浮游生活；当仔鱼双眼移到一侧时便完全变态，完全变态的仔鱼体长约30毫米，这个过程约需70天。

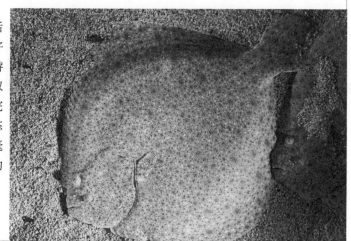

漠斑牙鲆

生活环境： *泥泞或淤泥质基质河流、海岸、河口水域*

　　漠斑牙鲆身体呈浅褐色，分布混合着黑色斑点的明暗斑块，看上去犹如沙漠一般，它原产于美国的大西洋沿岸，是一种非常名贵的比目鱼。

形态 漠斑牙鲆体长20～50厘米，最长可超过90厘米，身体侧扁，为卵圆形。身体的左侧呈浅褐色，分布有不规则斑点；腹面颜色较浅，随着周围环境变化；两眼位于头部左侧；雌鱼两眼间距比雄鱼短，雄鱼胸鳍比雌鱼长；背鳍80～95根；臀鳍63～74根。

习性 活动：体腔很小，鳔缺乏，不能在水中随意游动，常伏在充满淤泥的水底不动，夜间比较活跃。食物：肉食性，以软体动物、头足类、甲壳动物、小虾及其他小型鱼类为食；幼体以轮虫、卤虫无节幼体及无脊椎动物等为食。栖境：在海水和淡水中，生活在泥泞或淤泥质基质河流、海岸和河口水域，栖息水深常小于40米。

繁殖 常在秋、冬季繁殖，性成熟的漠斑牙鲆在秋季水温大幅度下降时（降幅4～5℃）向深海产卵场移动，产卵水温为16～18℃，产完卵后回到河口、浅海水域；大约在产卵前的3周，雄鱼开始追逐怀卵的雌鱼；产卵前，一或多尾雄鱼在雌鱼附近或后面游动，轻轻地靠近并将雌鱼推向水面，当雌鱼浮到水面排卵时，卵立刻被守候在附近的雄鱼受精，受精卵在61～76小时内孵化。

▶ 别名：美国漠斑牙鲆、南方鲆 | 自然分布：美国东南部沿海、大西洋沿海

翻车鲀

生活环境： 热带、亚热带、温带海域

翻车鲀外观呈椭圆扁平状，看上去像个大碟子，头上生有两只明亮眼睛和一个小小嘴巴，背部和腹部长着一个又高又长的背鳍和臀鳍，在身体后边连成一片，好像是花边的尾鳍。它喜欢侧身躺在海面之上，在夜间发出微微光芒，被法国人称为"月光鱼"。

形态 翻车鲀身体亚圆形，侧扁而高，体高3.2米。体背侧面灰褐色，腹面银灰色，各鳍灰褐色，体和鳍均粗糙，具刺状或粒状突起。头高而侧扁，头高为头长的1.8～2.0倍。眼睛较小，眼间隔较宽而突起，为眼径的3.5～3.9倍；每侧有2个很小的鼻孔，位于眼的正前方，距眼较近。口小，上下颌各具1喙状齿板，中央无缝隙，唇厚；鳃孔较小，位于胸鳍基底前方；有1个很高大的背鳍，略呈镰刀形。臀鳍与背鳍同形，起点稍后于背鳍起点，背鳍与臀鳍后部鳍条后延，在身体后端相连，形成类似尾鳍的舵鳍，无真正的尾鳍；尾部很短，无尾柄。

习性 **活动：** 游泳速度较缓慢，天气较好时会将背鳍露出水面作风帆随水漂流，天气变坏时会侧扁身子平浮于水面，以背鳍和臀鳍划水并控制方向，还可用背鳍在海中翻筋斗而潜入海底。**食物：** 肉食性，以水母、浮游动物、小鱼、马鲼、甲壳动物、海蜇、胶质浮游生物为食。**栖境：** 热带、亚热带、温带海洋，生活在30～70米的海水中，适宜温度为12～25℃。

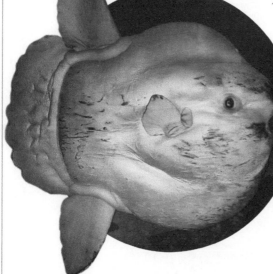

繁殖 交配和繁殖机制尚不明确，雌鱼一次可产下3亿枚卵，卵的成活率非常低，大约只有30个可以存活，常将卵释放到水中，并且在体外受精；受精卵在一段时间后孵化，刚孵化出的翻车鲀仅有2毫米左右，之后逐渐发育成熟。

六斑刺鲀

***生活环境**：浅海礁石区、软质底海域、开放性水域*

　　六斑刺鲀对于经常生活在海边的人们来说并不陌生，它们长相丑陋，是海洋动物世界里早就名扬天下的奇异明星，当它受到惊吓时，会迅速吸水将身体鼓成一个球，竖立起由鳞片发展来的硬刺，用来防御敌人，因此也被称为"水中刺猬"。

身体背面有六个大大的黑色斑点，所以称为"六斑刺鲀"

形态 六斑刺鲀身体为长椭圆形，稍平扁，身体背侧为灰褐色，并且带有一些小型的黑色斑点，成体斑点的数目少于幼体，鳞退化成长刺，棘能前后活动，腹侧为白色；头部较为宽大，头上带有一些长刺；眼居中且大小相等；吻短，口小，上下颌齿各愈合成一个大齿，边缘有钝小的突起，唇发达；胸鳍宽短，背鳍位于肛门的上方，为圆形的小刀状，臀鳍位于背鳍基部的后半部下方，形状与背鳍相似，无腹鳍，尾鳍后端为钝圆形。

习性 **活动**：游泳速度非常缓慢，有时会群集活动，常在夜间进行捕食活动，幼鱼行大洋漂游性生活。**食物**：肉食性，常以软体动物、海胆、寄居蟹及螃蟹等无脊椎动物为食。**栖境**：生活在世界范围内的热带海洋浅海的礁石区、软质底海域或开放性水域。

繁殖 繁殖季节时常成群存在，一对或是一群雄性跟随在一个怀卵的雌性后面，待雌性释放卵后，雄性会立即使卵受精，形成受精卵，产卵常发生在黎明或黄昏；受精卵经过一段时间后孵化为幼体，幼体行浮游生活，直到长至7厘米。

粒突箱鲀鱼

生活环境： 半遮蔽的珊瑚礁区

粒突箱鲀鱼是一种十分有趣的鱼类，它的身体就像是一个小箱子，所以，人们称它为"粒突箱鲀鱼"，它幼年时的表面是鲜艳的黄色，上面带有一些黑色的斑点，看上去就像穿了一身花裙子，深受鱼类饲养爱好者的喜爱。

可以释放出一种有毒液体，在短时间内使受攻击者死于非命

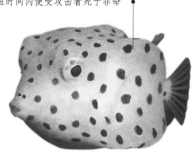

形态 粒突箱鲀身体呈盒子形，体长最大可达45厘米，幼鱼整个身体呈黄色，其上散布许多约与瞳孔同等大的黑色斑块；成鱼身体为黄褐色至灰褐色，头上散布着一些小黑点，体甲每一鳞片中央有一个约与瞳孔同等大小的镶黑缘的淡蓝色斑或白斑；它的腹面突出，呈弧状；背鳍短小，位于身体后部，无硬棘，有9根软鳍条；臀鳍同样具有9根软鳍条；尾鳍圆形，颜色较暗；各鳍鲜黄色至黄绿色，其上或多或少散布着小黑斑。

习性 **活动：** 游动起来迅速、敏捷，常单独活动，出没在珊瑚礁区，幼鱼行浮游生活。**食物：** 杂食性，常以海藻、浮游生物、甲壳类、软体类及其他一些无脊椎动物等为食。**栖境：** 印度洋至太平洋海域，常栖息在半遮蔽的珊瑚礁区，栖息水深1～50米。

繁殖 一种独栖鱼类，繁殖季节常成群存在，一个雄性后面会跟随着2～4个雌性，雌性通过雄性身上斑点颜色变化决定产卵时机，待雌性释放卵后雄性会立即使卵受精，形成受精卵；产卵常发生在黎明或黄昏；受精卵经过一段时间孵化为幼体，行浮游生活。

| 角箱鲀 | ▶ | 箱鲀科，角箱鲀属 | *Ostracion cubicus* L. | Horned boxfish |

角箱鲀

生活环境： 沿岸浅海岩礁区、隐秘的海藻丛中

角箱鲀为一类外貌奇特的鲀鱼，它的眼上方有牛角状的长棘，这种特殊的角状结构非常尖锐，可有效抵御天敌，所以，人们称它为"角箱鲀"。它这尖锐的棘给运输造成了极大的不便。运输时，人们不得不用橡皮筋将角套起来，以免扎伤手，而且它们的皮肤可以释放毒素，如果在狭小的空间里，它自己释放的毒素便可以导致自身死亡。

形态　角箱鲀身体形状为盒子状，体长最大可达50厘米，整个身体呈黄色至黄绿色，其上散布许多形状不规则的白色斑块；它的眼较大，瞳仁为蓝色，两眼间距适中，眼前有两个牛角状的棘；背鳍短小，位于身体的后部，没有硬棘，有9根软鳍条；臀鳍同样具有9根软鳍条；尾鳍较大，颜色半透明。

习性　**活动：**通常用背鳍、臀鳍慢慢地游动，常出没在珊瑚礁区，幼鱼行浮游生活。**食物：**杂食性，常以海藻、浮游生物、甲壳类、软体类及其他一些海底栖息的无脊椎动物等为食。**栖境：**印度—太平洋热带海域，常栖息在沿岸浅海岩礁区或隐秘的海藻丛中，栖息深度为1～45米，最深可达100米。

繁殖　一种独栖鱼类，但繁殖季节时常成群存在，一个雄性后面会跟随着2～4个雌性，雌性可通过雄性身上斑点颜色变化决定产卵的时机，待雌性释放卵后，雄性会立即使卵受精，形成受精卵；产卵常发生在黎明或黄昏；受精卵经过一段时间后孵化为幼体，幼体行浮游生活。

黑斑叉鼻鲀

生活环境： 沿岸浅海岩礁区

叉鼻鲀类的面部与狗的模样非常类似，因此，人们也称它为"狗头"，它分布得非常广泛，但是并不被大多数鱼类饲养爱好者青睐，因为它们实在是太凶了，无法和大多数鱼和平相处，但是它们非常喜欢和人亲近，如果你饲养了足够长的时间，它们甚至可以任凭你将它捞出水来，做短暂的亲热。

形态 黑斑叉鼻鲀身体呈长椭圆形，体长约33厘米，身体表面覆盖有鱼鳞，身体背部为褐色，腹部为白色；头部粗圆，狗头状；眼较大，口较小，上下颌各有2个喙状大板牙；胸鳍宽短，后缘呈圆弧形；背鳍较尖，位于身体的后方；臀鳍为圆形，有10～11条软棘；尾鳍宽大，呈圆弧形；各鳍为浅灰色或白色，但尾鳍色深，鳍的边缘为白色；幼鱼背部黑色，腹部深棕色，且背部带有小黑点，越往侧边黑点越大，腹部黑点稀少，各鳍为白色。

习性 **活动**：身体笨拙，游动缓慢，常在白天活动，出没在珊瑚礁区，幼鱼行浮游生活。**食物**：杂食性，常以海藻、珊瑚枝芽的尖端、甲壳类、软体类及其他一些海底栖息的无脊椎动物等为食。**栖境**：印度洋至太平洋的热带海域，常栖息在沿岸浅海岩礁区，栖息深度常小于25米。

繁殖 一种独栖的鱼类，但繁殖季节时常成群洄游到沙滩上去产卵，产卵量巨大；繁殖时，一个雌性后面会跟随着多个雄性，待雌性释放卵后，雄性会争相使卵受精，形成受精卵；产卵常发生在黎明或黄昏；受精卵经过一段时间后孵化为幼体，幼体行浮游生活。

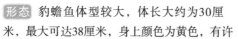

豹蟾鱼 ▶ 蟾鱼科，豹蟾鱼属 | *Oyster Toadfish L.* | *Oyster catcher*

豹蟾鱼

生活环境: 沿岸浅水、河口或随潮汐上溯的江河中

豹蟾鱼的相貌极丑陋，但它可是一种非常了不起的鱼类，登上过太空。1997年美国宇航局将它带入了"哥伦比亚"号航天飞机，用来观测该物种微重力效应，实验结果显示，它的生命力非常顽强，即使在非常恶劣的环境中，也仅需要少量的食物就可以维持生命。

形态 豹蟾鱼体型较大，体长大约为30厘米，最大可达38厘米，身上颜色为黄色，有许多肉状突起。头大而扁平，嘴部也很大，前部稍平扁，后部侧扁，上下颌及腭骨具弯曲犬牙或具绒毛状牙；鳃孔位于胸鳍基部前方，具3个全鳃；胸鳍宽圆，有4~5鳍条；背鳍2个；臀鳍具15~19鳍条；尾鳍较小，圆形。

习性 **活动:** 身体笨拙，游动缓慢，常在岩石缝隙间活动，当它们躲在岩石缝中时，常给猎物致命的一击，以捕获美食。**食物:** 杂食性，常以藻类、虾、蟹、软体动物、蠕虫及小鱼等为食。**栖境:** 世界范围内的各大洋，常栖息在沿岸浅水、河口或随潮汐上溯的江河中，白天待在礁石的缝隙间。

繁殖 繁殖季节在每年4~10月，这期间，雄鱼会发出叫声以吸引雌鱼，当雌鱼被吸引时，它们来到雄鱼生活的领地，并产下卵后离开，由雄鱼独自照顾受精卵的孵化；受精卵的孵化需要大约1个月，刚孵出的幼体还需要卵黄来提供营养，当卵黄被耗尽时便学会了游泳，但是即使可以自行游动，雄鱼仍会保护在它们的身旁，直至性成熟。

头部及口缘常具有许多触须状小皮瓣 ●

别名: 毒棘豹蟾鱼 | 自然分布: 世界各大洋

宽海蛾鱼

生活环境： 海藻丛生处、充满泥沙的海底珊瑚礁区

宽海蛾鱼是一种深海鱼类，它长相丑陋，看上去凶神恶煞似的，常常一副要吃人的样子。尽管它的样子非常恐怖，但体型并不大，身长不超过15厘米，并不会对人类构成真正的威胁。

形态 宽海蛾鱼身体扁而宽，体色多变，通常淡褐至深褐色，背部和侧边颜色深于腹面，整个身体完全覆盖着坚硬的骨板，包括背部侧3节、腹部侧4节以及可移动的尾环8或9节，尾环背面有棘；眼上骨突出，两眼之间的间隔凹陷；胸鳍非常大，呈水平的翼状，具有透明的鳍膜以及9～12条不分支的软条，其上有纵列斑点；背鳍位于体后，与臀鳍相对，没有硬棘，仅有5软条；腹鳍第一软条延长，呈触手状；尾鳍上有多列黑色斑点。

习性 **活动：** 体型较小，游动运动起来灵活迅速，可在水中跳跃，常在白天时活动，繁殖季节时，雌雄个体成对出现。**食物：** 肉食性，常以桡足类、等足类、吸虫、鼓虾、蟹、软体动物、蠕虫及小鱼等为食。**栖境：** 热带印度—太平洋咸海域，常栖息在海藻丛生处、充满泥沙的海底、珊瑚礁区等，栖息深度3～91米，通常为35～90米。

繁殖 一夫一妻制，繁殖季节它们白天成对出现在浅水域的沙质表面50厘米以上的位置，然后它们的腹鳍相对，释放出约253个精子和236个卵子，并形成受精卵，然后它们又成对潜到底部。这一过程通常发生在黄昏时分，成对的雌雄个体会在一起生活至少22天；刚孵出的幼体需要从卵黄中吸收营养，待卵黄耗尽后，便已经可自由活动。

翼状胸鳍具有透明的鳍膜和不分支的软条，使之像具有蝴蝶般的"翅膀"

| 白针狮子鱼 ▶ | 鲉科，蓑鲉属 | *Pterois radiate* G. Cuvier | Clearfin lionfish |

白针狮子鱼

生活环境：海水相对密度1.022，最适宜温度26℃

白针狮子鱼的外表非常霸气，鱼鳍十分夸张，向外伸展的胸鳍及背鳍好像雄狮颈部的毛发一般，加之其凶猛的性格，就像一头可以在海中畅游的小型狮子。

鱼体布满棕白相间的竖排斑纹，眼眶带有刺

形态 白针狮子鱼体型较大，为大型观赏鱼，体长25～30厘米。外表非常怪异。鱼体呈纺锤形，头部呈三角形；眼睛大小适中；口部及口裂亦大小适中。背鳍基部修长，鳍棘坚硬，鱼鳍上不带有皮肤，末端较细小；胸鳍的鳍膜带黑色斑点，斑点带红色边线；胸鳍与背鳍末端皆呈白色的针状。腹鳍呈深棕色，带有皮肤；臀鳍及背鳍末端对称；尾鳍呈扇形，鳍条上带有白色斑点。

习性 **活动**：较安静，喜欢在与自己体色或形状相似的物体附近休息，性情凶猛，采用瞬间爆发、冲击至猎物面前的方式捕猎。**食物**：肉食性，喜食鲜活小鱼或小虾，可以接受活饵或冻鲜。**栖境**：喜欢的海水相对密度为1.022，最适宜生存温度为26℃。

繁殖 卵生。人工繁殖存在许多难以解决的问题。在原产地，每到繁殖期，亲鱼会自行配对，成功后会一起移居至较高处栖息，产出的受精卵近似于胶质的球形。从产受精卵至孵化，再到幼鱼的成长阶段，亲鱼都会陪伴着它们的孩子，当幼鱼成长至1～1.2厘米时，亲鱼便会安然离去，游回深海。

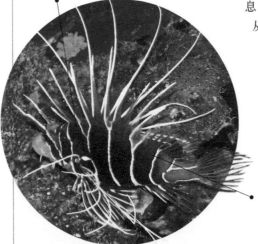

背脊带有毒素

整个鱼体都被夸张的鱼鳍所遮掩，单从表面观察时往往辨不清其真正的面貌

| ▶ | 别名：轴纹蓑鲉、触须蓑鲉 | 自然分布：印度洋、太平洋 |

鲻鱼

身形似柳叶一般

生活环境： 浅海、内湾、河口水域

早在3000多年前，鲻鱼已成为王公贵族的高级食品之一，特别是冬至前的鲻鱼，鱼体丰满，腹背皆腴，常被作为海鲜佳肴。

形态 鲻鱼身体较长，大约为50厘米，为橄榄色或灰褐色，身体前端近圆筒形，后部侧扁，体被栉鳞；头部中等大小，两侧稍微有些隆起，其上覆盖着圆鳞；眼较大，为圆形，居中，位于头的前半部，前后脂眼睑发达，伸达瞳孔；每侧有2个鼻孔，位于眼前上方，中央有一个突起；两颌具单行排列的绒毛状齿，舌较大，为圆形，位于口腔的后部；鳃孔宽大，鳃耙细长，前鳃盖骨及鳃盖骨边缘无棘；第1背鳍有4根硬棘，第2背鳍较大，形同臀鳍，有1~2根硬棘；腹鳍位于腹位，具1条硬棘；尾鳍呈叉形，上叶稍长于下叶。

习性 **活动**：游动速度很快，运动起来灵活迅速，可在水中做各种活动，可做远距离的洄游。**食物**：杂食性，常以硅藻、有机碎屑、吸虫、虾、蟹、软体动物、蠕虫及小鱼等为食。**栖境**：热带、亚热带海域，淡水和海水均可生活，常栖息在浅海、内湾或河口水域，栖息深度0~120米，栖息水温8~24℃。

繁殖 在体重达到2~3千克时便性成熟，此时，它们游向外海浅滩或岛屿周围产卵繁殖，繁殖所需的盐分较高；每个雌性可产50万~200万个卵，卵圆形，直径为0.74毫米，浅黄色透明，具有黏性，可浮在水面上。受精卵48小时后可孵化出幼体，体长2.4米；五天后体长为2.8毫米；待它长到16~20毫米时，迁移到近岸浅水域或河口；待长到35~45毫米时，便可忍受盐分较高的水域，并在秋季游到较深的水域。

| 海魴 | ▶ | 海魴科，海魴属 | *Zeus faber* L. | John dory |

海魴

体侧有一显明的具黄色环的黑斑

生活环境：热带亚热带含盐量较高的海域

海魴长得十分有趣，它的身体是圆圆的，身上的颜色是明亮的黄色到橄榄绿色，背鳍上还长有丝状的延长，它喜欢生活在深水域中，生活的区域通常是一片漆黑，所以当它从海底向上游时，就像是一轮夜晚中缓缓升起的月亮，所以，人们又称它为"月亮鱼"。

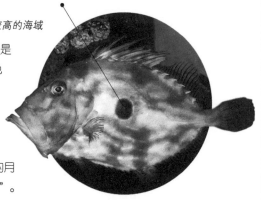

形态 海魴身体呈卵圆形，侧扁而高，体长最大为65厘米，体背侧颜色为橄榄绿色，腹侧为银白色，上面还带有一些黑色斑点；头部较大，眼长大，居中；口大，斜裂，上、下颌上具有细齿，口上鳞退化；背鳍鳍基两侧有5～12个大棘板，有10个硬棘，顶端具丝状延长部分；臀鳍有4个硬棘；腹鳍较长且宽大，位于胸位；尾柄较短，尾鳍后缘为圆形。

习性 **活动：**不善于游泳，运动起来十分缓慢，但可做远距离洄游。**食物：**肉食性，常以吸虫、虾、蟹、软体动物、甲壳动物、浮游生物及小鱼等为食。**栖境：**热带、亚热带含盐量较高的海域，栖息深度非常广泛，常栖息在5～360米水深的大陆架斜坡、海沟周围泥沙质地带、珊瑚礁区等。

繁殖 生长3~4年后便性成熟，繁殖季节通常在每年的春末和冬季，此时，它们游向外海浅滩或岛屿周围产卵繁殖，产生的精子和卵子释放入海，并在水中受精。每个雌性产卵量很大，卵圆形，具有黏性，可浮在水面上。受精卵的孵化及早期生活机制尚不明确。

▶ 别名：月亮鱼 | 自然分布：东大西洋、地中海、南非、澳洲、新西兰、日本及中国南海、东海

大西洋鳕鱼

生活环境：常在水层中、下层栖息

大西洋鳕鱼非常抗冻，可在低于−1.5℃的水温中生活，它们能经受如此低温要归功于体内的血液防冻蛋白，这些蛋白可以防止血液冰晶化，另外水温变化并不会导致它心率的巨大变化，因此，不会对它们的生命活动造成太大的影响。

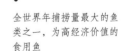

全世界年捕捞量最大的鱼类之一，为高经济价值的食用鱼

形态 大西洋鳕鱼体长可达2米，体色多变，背侧及体上部的颜色由褐色渐变为绿色或灰色，腹部呈灰白色，上面带有一些深色的斑点，腹膜银白色；背前区的距离不到总体长的1/3，体高为体长的1/5；侧线明显，在胸鳍处弯曲；上颌隆突，下颌有显著的触须；背鳍有40～55根软条，臀鳍具33～45根软条。

习性 **活动：**游泳速度极快，尤其在白天，还可做远距离的运动，常根据水温、食物供应和繁殖地变化进行季节性迁移，迁徙时随温暖水流成群游动。**食物：**杂食性，常以藻类、甲壳类、鱼类、头足类及软体动物等为食。**栖境：**大西洋东北和西北海域，北冰洋、印度洋以及南极海域，常在水层中、下层栖息，适应于淡水或微咸水，栖息深度为500～600米，栖息温度0～20℃。

繁殖 在冬季和早春进入温暖水域产卵，每年一次的产卵期持续1～2个月，产卵时，在同一水层通常有多条鳕鱼同时产卵，卵常以卵块的形式存在，每次产约8.3个卵块。雌性通过腹鳍的基部释放卵子，然后雄性使卵子受精；受精卵可在海面上漂浮，漂浮大约2～3周孵化出柳叶状稚鱼，之后双亲对后代不提供亲代抚育。

鳄形圆颌针鱼 ▶ | 颌针鱼科，圆颌针鱼属 | *Tylosurus crocodilus* L. | Houndfish

鳄形圆颌针鱼

生活环境：浅水域珊瑚礁区、泻湖

　　鳄形圆颌针鱼体型较大，样子十分凶悍，与横带扁颌针鱼身体颜色相似，所以即使它的营养价值非常高，并没有渔民敢捕杀它。

当它追逐猎物时，常在水面上一跃而起，吓得附近的渔民魂飞魄散

形态 鳄形圆颌针鱼身体延长，体长可达100厘米，呈圆柱形，截面圆形或椭圆形，身体背面呈灰绿色，腹部银白色，各鳍暗色；头背部扁平，头盖骨背侧中央沟发育不良；两颌突出如长喙，具有带状排列的细齿和一行稀疏的犬齿，上颌平直，下颌略长于上颌，两颌之间没有缝隙；背鳍1枚，与臀鳍相对，存在于身体后方，两者前方的鳍条均延长而成镰刀状；侧线沿腹部边缘纵向延伸，于尾柄处向体中央上升，并形成隆起的棱；成鱼尾鳍因中央鳍条突出而呈双凹形，下叶长于上叶，尾柄近似方形。

习性 **活动：**游泳速度极快，动作敏捷迅速，常在表层活动，会因追逐猎物而跳出水面，有趋光性。**食物：**肉食性，以甲壳类、鱼类、头足类及软体动物、小鱼、小虾等为食。**栖境：**印度西太平洋区浅水域，栖息在泻湖区或沿海的珊瑚礁区。

繁殖 通常进入海水与半淡咸水交汇处产卵，于近岸海藻下产卵，一次产卵数千。每年产卵一次，持续时间较长。雌性通过腹鳍基部释放卵子，然后雄性使卵子受精；受精卵可在海面上漂浮2～3周孵化出稚鱼，之后幼体行浮游生活。

体型细长，在海洋中游动时身姿十分优美

▶ **别名：**水针 | **自然分布：**印度西太平洋区，红海、日本、菲律宾、澳洲、印度尼西亚及中国台湾

大西洋鲑

生活环境：整个北大西洋

大西洋鲑鱼被誉为"鱼中至尊"拉丁文学名意思为"跳跃者"，这主要是由于其在水中壮观的跳跃能力，能跳过看似难以逾越的障碍。

俗称"三文鱼"，是一种营养价值高的世界性养殖鱼类

形态 大西洋鲑成体体长71~76厘米，身体呈梭形，成体颜色与幼体颜色不同，全身的鳍均为黑色；生活在淡水中时，身上为蓝色，并带有红色斑点，侧线上带有黑色斑点；成年体身上会带有银灰蓝色闪光；繁殖时身体为明亮绿色或红色。

习性 **活动**：游泳速度极快，动作敏捷迅速，可在水面上跳跃，具有洄游性，大型个体攻击性极强。**食物**：肉食性，幼体时常以细小的无脊椎动物为食，如石蚕蛾、蚋、蜉蝣及石蝇等；成体常以鳙乌贼、玉筋属、端足目、北极甜虾及鲱属动物为食。**栖境**：整个北大西洋，除繁殖季节外，都栖息在海水深度不超过20米深的沿海海域，对河流水质要求较高，其产卵的河流系统往往比较原始。

繁殖 在繁殖季节，会返回到出生的淡水溪流中去产卵，产后回到海洋中生活。幼鱼在淡水中生活2~3年，然后下海生活一年或数年，性成熟时回到原出生地产卵；在河床碎石间筑"巢"，雌鱼用尾鳍在碎石间制造回流，再在河床挖坑。雌鱼和雄鱼分别在坑的上游产卵及排出鱼精，然后雌鱼使用尾鳍拌动碎石覆盖陷坑中的卵及鱼精形成受精卵；幼体初期依靠卵黄提供营养，耗尽时可独立活动到海中生活。

力气强大，可冲出水面，跳过障碍物

| 樱鳟 | ▶ | 鲑科，大麻哈鱼属 | *Oncorhynchus masou* B. | Masu salmon |

樱鳟

生活环境：*0~200米的海域*

  樱鳟长相很平庸，但它是一种比较好辨认的鱼类，身体侧面为红色，向后逐渐延伸，在腹部汇合，汇合处的颜色为淡红色，就像是一只樱桃一样。

侧部有鲜艳红色、带粉红色的条纹，腹部颜色浅

形态 樱鳟成体体长大约50厘米，最长可达71厘米，性成熟时，身体的颜色变深，为深黑色，身体两侧分别有一条纵向条纹，颜色为鲜艳的红色，在腹部汇合成颜色为淡红色的纵向条带。

习性 **活动**：鱼鳍非常小，可以在水中游动，但是速度较慢，且动作不灵活，但可做远距离的洄游。**食物**：肉食性，常以甲壳类、鱼类、头足类及软体动物、小鱼、小虾等为食。**栖境**：气候温和的地方，北纬65~58°之间，在海里的栖息水深为0~200米。

繁殖 雄鱼在2龄，雌鱼在3龄时便性成熟，每年3~4月份成群聚集于江口并开始上溯，4~5月份大批进入淡水域，随后成熟的个体上溯至支流产卵，产卵场水质清澈，砂砾底质，水深约0.5米；卵粒为赤橙色，每个雌性的怀卵量约3500粒；产卵时，通常1尾雄鱼追逐数尾雌鱼进入产卵场，雌鱼摆动尾鳍利用水流向四周掘动砂砾，形成椭圆形产卵床，雌鱼分数次排卵。受精卵落入产卵床内后由雌鱼利用尾鳍掘动砂砾加以覆盖，产过卵的亲鱼守护在受精卵旁；经2~3日后亲鱼全部死亡；一般幼体鱼在淡水中生活1年左右便回到海水中。

大口驼背鱼

***生活环境**：热带和亚热带的江河湖泊等淡水域的中上层或沼泽*

大口驼背鱼是一种可以呼吸空气的鱼类，它的体型较大，长相独特，在水中游动的时候非常威猛，令人望而生畏，但是它的性格是很温顺的。它的口较大，牙齿密布，捕食的时候还是有些凶猛的，所以，人们称它为"大口驼背鱼"。

形态 大口驼背鱼为中大型淡水鱼类，成体体长40～60厘米，最大的个体体长可达90厘米，身体为暗灰色，背部黑色，身上被有细小圆鳞，通常在臀鳍上方的体侧处具3～10个圆形黑色斑，偶尔无斑或只具1～2个圆形黑色斑；身体延长，侧扁，背部高高地隆起；前颌骨、上颌骨、犁骨、腭骨和舌均具小齿；鳔为长形，为蜂窝状，能充气代替鳃进行呼吸作用；胸鳍位低，背鳍和腹鳍短小，臀鳍很长，可与尾鳍相连，尾部细且侧扁。

习性 **活动**：背鳍和腹鳍短小，可以在水中游动，但是速度较慢，且动作不灵活。在夜间出来捕食。**食物**：肉食性，常以甲壳类、鱼类、头足类及软体动物、小鱼、小虾等为食。**栖境**：热带和亚热带的江河湖泊等淡水域的中上层或沼泽，偶尔也短暂生活在海水中，栖息深度0～200米。

繁殖 每年4～7月产卵，产卵前常群集游到浅水域的水草或是岩石周围，然后雄性会追随怀卵的雌性，待雌性释放卵子后立即使卵子受精，具体机制不详，然后雌性将受精卵产于水草或岩石表面，由雄鱼照顾受精卵的孵化及幼仔的生长发育。

背部常高高地隆起，看上去就像是一个驼背的"小老头"

大海鲢

生活环境：热带和亚热带海水域的中上层或沼泽

大海鲢的体力非常好，能长距离双向洄游，在淡水和海水间穿游跳跃，场面极其壮观；另外，它的眼又大又圆，又称"大眼海鲢"；主要生活在印度洋-太平洋区。

形态 大海鲢身体较长，侧扁，体长最长可达1米，身上被大圆鳞，体背部为深绿色，体侧和腹部为白色，各鳍为淡黄色；眼大，且具有脂眼睑；口大，有些上翘，上颌骨宽，向后伸达眼后缘的下方；两颌、犁骨、腭骨、翼骨及舌均具有绒毛状小齿；腹部很圆，没有棱角；胸鳍位低，腹鳍位于胸鳍与臀鳍之间；背鳍位于身体的中部，最后鳍条向后延伸到臀鳍基的后上方，呈丝状；臀鳍位于背鳍的后下方，鳍基比背鳍基长，尾鳍分叉较深。

习性 **活动：**身体灵活，在水中游动速度较快，可做远距离的洄游，洄游时会在淡水和海水之间跳跃。**食物：**成体为肉食性，常以甲壳类及鱼类为食，如沙丁鱼、鳀鱼、鲻科类鱼、锯盖鱼、丽鱼以及蟹类等；幼体常以浮游生物、小鱼和昆虫等为食。**栖境：**热带和亚热带海水域的中上层或沼泽中，有时进入河口区，栖息深度0～50米，栖息在珊瑚礁、海草丛生处。

繁殖 平时生活在温暖海水域中，产卵前常群集游到内陆的淡水湖泊或河流中，目前产卵地及后期幼体的分布范围并不明确，只了解一般将卵产在珊瑚礁附近；刚孵化的幼体会随潮汐在水面漂浮20～40天；幼体包括柳叶状幼体阶段，10天变态为较成熟的幼体；大约2年后性成熟，此时体长约30厘米。

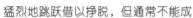

大西洋大海鲢

生活环境： *热带和亚热带温暖水域的中上层*

大西洋大海鲢的体力非常好，跳跃能力很强，是人们喜爱的游钓鱼种，当它被鱼钩钩住时常抱着侥幸心理，猛烈地跳跃借以挣脱，但通常不能成功。它主要生活在大西洋的东部和西部，所以，人们将它命名为"大西洋大海鲢"。

形态 大西洋大海鲢体型差异很大，雌性长于雄性，雌性体长约167.7厘米，雄性仅144.7厘米，大片鳞甲覆盖在侧身93～107厘米范围，一直延伸到尾部，背部为蓝灰色，边线为银色，侧线鳞片呈管状分布；下颌大且突出，下颌及牙舌上紧密排列着细小的牙齿；胸鳍较小，背鳍位于身体中部，臀鳍较长，尾部依附在背鳍上。

习性 **活动：** 身体非常灵活，在水中游动速度较快，可做远距离洄游，捕食时非常凶猛。**食物：** 成体为肉食性，常食甲壳类及鱼类，如沙丁鱼、鳀鱼、鲻科类鱼、锯盖鱼、丽鱼及蟹类等；幼体常以浮游生物、小鱼和昆虫等为食。**栖境：** 热带、亚热带温暖水域的中上层，栖息在海湾、河口、河流以及红树林环绕的泻湖，栖息深度0～50米。

繁殖 季节性产卵，繁殖力很强，每年的5月和8月，它们结成大规模群体游入近海的回旋水域，将卵排在较深的水中，让潮流带至近海沿岸，行体外受精；每条雌鱼可产1200万枚卵。2～3天后，受精卵便孵化出透明的柳叶状的幼鱼；2～3个月后，这些幼体长至6～25毫米，顺着洋流漂浮到沿海继续生长；然后幼鱼停止发育，收缩到大约14毫米，此过程持续20～25天；7～8周，幼鱼继续生长到40毫米左右，转变为亚成鱼。

北梭鱼 ▶ 北梭鱼科，北梭鱼属 | *Albula vulpes* L. | Bonefish

北梭鱼

生活环境*：热带、亚热带水域中上层或岛屿的浅水区*

北梭鱼体长，体力非常好，跳跃能力强，是海洋生物中的运动能手，但它们不很"聪明"，当在浅水域摄食时，它的尾鳍经常划破水面，因而将自己的行踪暴露给那些跋涉过泥沼地、悄悄跟踪并打算捕捉它们的钓鱼者，给自己带来了"杀身之祸"。

形态 北梭鱼身体呈梭形，体长约90厘米，身体背部呈青褐色，腹部为银白色，体侧具有多列不明显灰色纵纹，各鳍均为银白色，侧线平直；头较大，表面没有鳞片覆盖；脂眼睑发达，口较大且居中，上颌明显长于下颌；胸鳍基部为黄色；腹鳍位于背鳍下的腹位，尾鳍呈叉形。

习性 活动：身体非常灵活，游动速度快，在泥土或沙里挖掘虾及蟹等。**食物**：肉食性，以底栖无脊椎动物及小鱼为食，如甲壳类、软体类及蟹类等。**栖境**：热带、亚热带水域中上层或岛屿的浅水区，栖息在泥沙丰富的地带，栖息深度0～50米。

繁殖 卵生，繁殖力很强；具体繁殖机制不详。

▶ 别名：狐头鲲 | 自然分布：日本、朝鲜、马来半岛、印度、中印半岛、红海及中国南海、东海

欧洲鲟

生活环境：亚冷水域

欧洲鲟的经济价值非常高，首先，它的鱼皮可制革，其次鱼鳔被称为"鳇鱼肚"，含有丰富的胶质，可配制成上等的漆料，并可入药；再就是它的脊椎骨、鼻骨等均为上等佳肴；当然，它的鱼卵最为名贵了，用鲟鱼卵制成的"鱼子酱"被视为世界三大珍味之一。

形态 欧洲鲟体型巨大，个体全长可达6米，身体呈纺锤形，向尾部延伸，逐渐变细。背部和体侧呈青灰色，有时黑色，向下渐转为白色，腹部为白色；吻短而柔软，呈锥形，为黄色；口突出，呈新月形，位于头的腹面，向两侧延伸；有4根长须，其上附有叶状纤毛；背鳍及臀鳍均不分支，尾鳍分叉，上部明显长于下部。

习性 **活动**：身体笨重，游动速度慢，可做远距离洄游。**食物**：肉食性，成体以无脊椎动物、鱼类、水鸟、幼海豹等为食；幼鱼以水生昆虫幼体、鲱鱼和鳀鱼等为食。**栖境**：亚冷水域中，存活水温为1~30℃，溶氧大于6毫克/升时最适宜。

繁殖 生长迅捷，性成熟较迟，雌体性成熟年龄在14~28龄，雄鱼在11~16龄，成熟雌鱼全长为230~270厘米，雄鱼全长180~220厘米，需7~8年才达到性成熟。每年春季产卵，会上游到浅水域的产卵场，这时水温为6~7℃，水温超过21℃时便停止产卵。卵径3.33~3.84毫米，具黏性，附于岩石表面。雌性产卵量2万~600万粒。受精卵孵化为幼体后，向下游到海水中生活。

石纹电鳐

生活环境：亚冷水域中

　　石纹电鳐的是一种可以发电的鱼类，被称为活的"发电机"。1989年，在法国科学城举办了一次饶有趣味的"时钟"回顾展览，这时钟是通过一种带电的鱼放电来驱动的，而且它的放电十分有规律，电流方向一分钟变换一次，因此，也被人称为"天然报时钟"。

形态 石纹电鳐最长可达1米，雌性体长55～61厘米，雄性体长36～38厘米，身体十分柔软，表面棕色，带有黑色斑点，表面无细小鳞片；外侧的皮肤下可见肾形发光器，眼较小，眼的后方长有卵形喷水孔，边缘带有6～8个指状保护器；鼻孔之间有一个大的突出物，宽大于长，可延伸到口；口小，呈拱形；胸鳍为较大的圆形，是身体总长的59%～67%；背鳍两个，顶端为圆形，两个鳍离得很近；尾柄短而粗壮，尾鳍呈钝三角形。

习性 **活动：**独居且运动缓慢，白天常将身体埋在泥沙中，只露出眼睛，夜间出来活动，可连续多日保持静止不动。**食物：**肉食性，常以底栖鱼类为食，如虎虾鱼、狗鳕、黑鲈、鲻鱼、竹夹鱼等。**栖境：**亚冷水域中，在英国和爱尔兰常生活在水深10～30米处，在意大利常生活在20～100米处，最深可生活在370米处，常栖息在珊瑚礁、海藻床或多泥沙的海底部。

繁殖 雌性两年繁殖一次，雄性一年繁殖一次，每年的11月到次年1月交配后产下受精卵，最初胚胎是依靠卵黄提供营养，然后依赖组织营养素；经9～12月的妊娠期孵化为幼仔，体长10～14厘米，可以捕食和防御，性成熟时体长为21～29厘米。

PART 11
200~208页

海洋爬行类

大西洋蠵龟

生活环境： 海域底部或浅水域

大西洋蠵龟，俗称为绿蠵龟，是现存最古老的爬行动物，但由于人们的大量捕杀，目前的生存状况十分令人担忧，已被《国家重点保护野生动物名录》列为 II 级保护动物。

身上长有非常坚固的甲壳，受袭击时可以把头、尾及四肢缩回到壳内

形态 大西洋蠵龟的体型较大，背甲曲线长74～102厘米，背甲为红棕色，呈心形，腹甲橘黄色，体鳞平砌；头又宽又大，头背鳞片呈对称排列，前额鳞2对；颈盾宽短，椎盾一般5～6枚，肋盾通常5对，第一对与颈盾相切，缘盾13对，其中有3对下缘盾；臀部窄而高；四肢浆状，前后肢分别有1～2个爪。

习性 **活动：** 在白天时较为活跃，可在水中游动，且游速较快，也可以在海底休息，白天休息时，眼睛睁着，只有夜间休息时才会闭上眼睛。**食物：** 杂食性，常以鱼、虾、蟹、软体动物、蠕虫、螺类和藻类等为食。**栖境：** 生活在多沙或有大量岩石存在的海域底部或沿岸的浅水域，栖息的温度范围13.3～28℃。

繁殖 雌性常在17～33岁时进行繁殖，繁殖时，雌性常常做出一些异常的行为来吸引配偶，雄性也会通过活动鼻子、口和头部来回应雌性的行为；交配时，雄性会到雌性的附近，抓住雌性，然后它们开始转圈，这种交配行为可持续6个星期；交配后，当雄性筑巢时，雌性产受精卵，平均产3.9个受精卵块，然后静止不动，约80天后，夜间将受精卵孵化为幼体，然后幼体向深海游去。

玳瑁

生活环境： *相对较浅水域*

玳瑁是我国古代的珍贵宝石，它其实来源于一种同名海龟（即玳瑁）的龟壳。玳瑁这种性情凶猛的美丽海中生灵拥有绝对坚硬厚实的背甲，而且还是名副其实的老寿星。

形态 玳瑁体型较大，背甲曲线长度65～85厘米，体重45～75千克。背甲棕红色，有光泽，有浅黄色云斑；腹甲黄色，有褐斑。头及四肢背面的盾片均为黑色，盾缘色淡。吻长，侧扁。头背具对称大鳞；颈前部、喉、颏部具若干小鳞。背甲较平扁，呈心形；腹甲前后缘弧形，前端具一扇形肩喉盾；四肢桨状，前肢长于后肢，覆有并列大鳞和盾片，每肢外侧具2爪。尾短。

习性 **活动：** 经常出没于珊瑚礁中，它的活动能力较强，游泳速度较快。**食物：** 杂食性，主要捕食鱼类、虾、蟹和软体动物，也吃海藻。**栖境：** 主要栖息于沿海的珊瑚礁、海湾、河口和清澈的泻湖等相对较浅的水域。

繁殖 每年3～4月产卵，雌性在白昼上陆在海岸沙滩挖穴产卵，坑穴直径约20厘米，深约30厘米，一个产卵期内分三次产卵，每次产卵130～200个。受精卵球形，白色，壳软有弹性。孵化时间长，约需2个月孵化出幼体。

上颌前端钩曲呈鹰嘴状，下颌骨纤细

颈盾宽短，与第一对缘盾并列向前凸出

绿海龟 ▶ 海龟科，海龟属 | *Chelonia mydas* Brongniart | Green sea turtle

绿海龟

颈盾短而宽，
与相邻缘盾并列 •

生活环境：珊瑚礁、海藻床附近

　　绿海龟是海龟里唯一摄食海藻较多的种类，演化过程中保留了部分祖先的生活方式，即必须回到陆地上产卵，繁育后代，形成了一种较独特的生活习性。

形态 绿海龟身体庞大，体长80～150厘米，最大的背甲长可达153厘米，带有扁圆形的甲壳，只有头和四肢露在壳外。头部略呈三角形，头背有对称大鳞片，前额长有一对暗褐色鳞，两颊黄色。背甲呈心形，盾片平铺，呈镶嵌排列；腹甲平坦，前、后缘为圆弧形，其他各盾片均沿腹中线整齐对称紧密排列；前肢长于后肢，内侧分别有1个爪，雄性前肢的爪强大而弯曲成钩状。

习性 **活动：** 白天较为活跃，可在水中游动，夜晚躺浮在海面上休息，暂时停止肛囊的呼吸作用，而改用肺来呼吸。**食物：** 成体为杂食性，常以鱼、虾、蟹、软体动物、蠕虫、螺类、大型藻类及海草等为食，幼体为肉食性。**栖境：** 生活在热带及亚热带海域中，大多集中生活在0～50米深的水域，常栖息在珊瑚礁和海藻床附近。

繁殖 产卵季前，雌雄会从觅食栖地洄游到出生地点，在海岸、海岛周围水域中或陆地上交配。交配时，雄性用前肢爪钩住雌性的背甲，将其交接器插入雌性的泄殖腔中，交配可达3～4小时。交配结束后，雄性自行返回觅食海域；成熟母龟在人迹罕至的沙滩上产受精卵，每头雌性一季会上岸平均产4窝受精卵；经过约50天，小绿海龟破壳而出，行浮游生活；待成长至背甲直线长20～30厘米，结束浮游生活，此时为亚成龟，它们会在近岸的浅水区域，选择有海草或大型藻类丰盛的栖地定居。

身上的脂肪为绿色 •

▶ 别名：海龟、黑龟、石龟 | 自然分布：世界各大海域

棱皮龟

幼体身上的纵棱和四肢边缘为淡黄色或白色，腹部色白，有黑斑

生活环境： 热带海域的中上层

棱皮龟是现存最古老的爬行动物，原产于意大利，会从美国西海岸艰苦跋涉6000英里（1英里=1.61千米）到印度尼西亚繁殖地产卵，因此闻名遐迩。

形态 棱皮龟是龟鳖目中体型最大者，最大体长可达3米，龟壳长2米余；体重可达800～900千克。头部、四肢和躯体均裹以平滑的革质皮肤，无角质盾片。纵棱在身体后端延伸为一个尖形臀部，体侧两条纵棱形成不整齐的甲缘。嘴呈钩状，头特别大，不能缩进甲壳内。四肢呈桨状，无爪，前肢的指骨特别长。后肢短。尾十分短小。成龟身体背面为暗棕色或黑色，缀以黄色或白色斑，腹面灰白色。

习性 **活动：** 变温的爬行动物，四肢巨大，并且进化为桨状，可持久而迅速地在海洋中游泳。**食物：** 鱼、虾、蟹、乌贼、螺、蛤、海星、海参、海蜇和海藻等，甚至长有毒刺细胞的水母。**栖境：** 热带海域的中上层，偶尔也见于近海和港湾地带。

繁殖 每年5～6月繁殖，雌性从海洋中陆续爬到海滩上掘穴产卵，晚上进行，行动谨慎，遇到外来干扰会立即返回海洋。产卵前先在沙滩上挖一个坑，每次产卵90～150枚，产卵后用沙覆盖，靠自然温度孵化，每窝中常有10多枚不能孵化成功。刚孵化出来的幼体体长为5.8～6厘米，本能地立即向大海爬去。

背甲的骨质壳由数百个大小不整齐的多边形小骨板镶嵌而成，其中最大的骨板形成7条规则的纵行棱，因此得名

▶ 别名：革龟 | 自然分布：冰岛、乌拉圭及中国广东、福建、浙江、江苏、山东、辽宁、台湾、海南

| 太平洋丽龟 ▶ | 海龟科，丽龟属 | *Lepidochelys olivacea* E. | Olive ridley sea turtle |

太平洋丽龟

生活环境：热带水域或沿岸海滩

　　说起太平洋丽龟，我们可能并不陌生，最著名的就是它们大批登陆筑巢、产卵的壮观景象。每到产卵的季节它便会回到自己曾经出生的地方，在那里诞下后代，但由于近年来人类的侵害行为，使这种壮观行为成为了历史，目前，它已经处于灭绝的边缘。

形态　太平洋丽龟体型较小，约60厘米，最长不超过80厘米，甲壳呈心形，甲壳的前半部呈灰绿色至橄榄绿色，有时由于海藻的存在而呈红棕色；头部略呈三角形，中等大小，头背上有2对对称的鳞片；肋盾6～9对，第一对与颈盾相切；腹部有4对下缘盾，每枚盾片的后缘有1个小孔；四肢扁平如桨，前方有两个爪。

习性　**活动**：可在近岸的浅水域中游动，也可以在近岸上爬行，产卵季节可在岸上大量筑巢。**食物**：肉食性，常以鱼、虾、蟹、软体动物、水母、双壳类等为食。**栖境**：常生活在太平洋及印度洋热带水域，栖息在距离22～55米浅水域15千米的沿岸海滩范围内。

繁殖　每年9月至次年1月产卵，雌雄会群集从觅食栖地洄游到出生地点交配、产卵。交配时，雄性用前肢爪钩住雌性背甲，将交接器插入雌性泄殖腔。雌龟每次产受精卵100枚左右，夜间生产，也会出现多次产受精卵的现象。雌龟可以将精液储存在输卵管内数年，即使在没有与雄龟交配的情况下，也可以保证生产出受精卵。

▶　**别名**：橄龟　|　**自然分布**：太平洋、印度洋，新西兰、巴西、委内瑞拉及中国江苏以南海域

海蛇

生活环境：热带、亚热带水域

海蛇的体型和陆地上的蛇很相似，它喜欢在水面上捕食浮游生物或小鱼，捕食时常先向后划行，然后迅速向前将食物一口吞下。它可以分泌毒素，杀死敌人，但目前并没有人因海蛇的毒素而死亡的现象。

形态 海蛇身体较长，雄性个体长约720毫米，雌性个体长约880毫米，身体扁平，略呈圆柱形，身体的颜色非常多样，通常背部呈黑色，腹部为黄色或棕黄色，其上覆盖着23～47行鳞片；头部较窄，无鳞片覆盖；吻部延长，鼻孔分开且较大，鼻上的鳞片连在一起；有264～406个非常小的腹鳍，这些腹鳍通过纵向的凹陷分隔开；腹鳍的颜色和背鳍的颜色不同。

习性 **活动**：常在白天取食，夜晚在海底栖息，偶尔上升到水面呼吸，在干燥的季节，可潜水6.8米，在湿润的季节，可潜水15.1米，在水下可保持1.5～3.5小时。**食物**：肉食性，常以海面上的浮游生物或小鱼等为食。**栖境**：常生活在热带、亚热带水域，栖息在近岸几千米范围内的浅水域，栖息水温范围为11.7～36℃。

繁殖 有性生殖，卵胎生。常在温暖的水域产卵，产卵时的水温通常大于20℃，交配时，雄性用前肢爪钩住雌性的背甲，将其交接器插入雌性的泄殖腔，交配完成后，经过约6个月的孕育期，雌性产下约10尾20～30厘米长的小海蛇，当体长达到60厘米的时候便达到性成熟。

生殖季节往往聚集一起，在海面上形成绵延几十千米的长蛇阵

可以在海面上游动，很少在陆地上活动

蓝灰扁尾蛇

生活环境： 浅水域或岩岸多沙的岛屿上

蓝灰扁尾蛇名字完全是根据它的外貌特征而定的，它的身体背面是蓝灰色的，尾扁而有力，所以，人们称它为"蓝灰扁尾蛇"。它的繁殖行为十分有趣。繁殖时，雄性为了自己的下一代长得更加健壮，常成群地赶往沙滩的最高处，然后寻找较大的雌性进行交配，感觉它们也懂得"优生优育"和"站得高看得远"的道理。

形态 蓝灰扁尾蛇体长，雌性大于雄性，雄性体长约87.5厘米，雌性体长约142厘米，身体呈圆柱形。头部为黑色，身体背面主要为蓝灰色，有黑色环状斑纹，前端为黄色或白色，这种颜色可延伸至眼上部，腹面为黄色；身体的中间部位有重叠成瓦状排列的背鳍；腹鳍较为宽大，从身体横向的三分之一处延伸到二分之一处；尾部扁平。

习性 活动：可以在水中游动，且游速非常快，也可以在陆地上活动，平时隐藏在岩石缝隙或洞穴中，为夜行性，常在夜间进行捕食活动。**食物**：肉食性，常以鳗鱼等为食，较大型的雌性只以海底深处较大的康鳗为食，小型的雄性常以浅水域的小型海鳗及其他鱼、虾、蟹类等为食。**栖境**：常生活在热带温暖的浅水域或沿岸多沙的岛屿上，常栖息在岸边或浅水域中的礁石或珊瑚礁附近。

繁殖 有性生殖，卵生。常在温暖水域中产卵，发生在每年9～11月。产卵前，雄性常成群聚集在沿岸斜坡沙滩的最高处，然后寻找较大的雌性与它交配，交配时间可持续2个小时，交配结束后，亲体可保持静止不动好多天；每个雌性每次可产10枚受精卵，常将受精卵产在岩石的缝隙中，直到孵化出蓝灰扁尾蛇幼体，具体的孵化过程及后期幼体的生活情况不详。

蓝灰色的身体上布满黑色环状斑纹，十分醒目

PART 12
210~228页

海洋哺乳类

宽吻海豚

生活环境：热带至温带靠近陆地的浅海

宽吻海豚的吻较长，嘴短小，嘴裂外形似乎总在微笑。大脑的宽度要超过长度，沟回数量与密度也比人类多，因此智力发达，理解力较强，又生性好奇，经过人工训练，可以进行公众观赏表演。

皮肤内部液体能随着海水压力变化而流出或流入，大大减少水的摩擦阻力，使游泳轻松快捷

形态 宽吻海豚雄性体长2.5~2.9米，重300~350千克，雌性稍小。身体呈流线型，中部粗圆，额部有明显隆起，吻长嘴短，上下颌每侧各有21~26枚牙齿，钉子状，可以咬住猎物但不能咀嚼。尾鳍和背鳍由致密的结缔组织构成，背鳍呈三角形，略后屈，鳍肢基部宽，梢端尖。身体两侧温度不一且不断交替变化。皮肤光滑无毛，里面是海绵状结构，有很多充满液体的乳突。体背是发蓝的钢铁色和瓦灰色，腹部近纯白色，有明显凸起，喷气孔至前额之间、眼睛至吻突之间有深色带。

习性 **活动：** 喜群居，通常母幼十多只结群，雄性通常单独或2~3只结群生活。游泳时速5~11千米，最高时速可达70千米。**食物：** 主食带鱼、鲅鱼等群栖性鱼类，偶尔也吃乌贼或蟹类及其他小动物。**栖境：** 热带至温带靠近陆地的浅海地带，较少游向深海。

繁殖 每年2~5月交配和产仔，生殖间隔约2年。孕期11~12个月，哺乳期12~18个月，雌性宽吻海豚在5~12岁性成熟，雄性在10~12岁。寿命40~50年。

有时跃出水面1~2米，在暴风雨前这种活动更为频繁

别名： 尖吻海豚、瓶鼻海豚　|　**自然分布：** 热带至温带海域

中华白海豚

表皮下血管充血
而透出粉红色

生活环境：红树林水道、海湾、热带河流三角洲或沿岸的咸水中

中华白海豚虽名为"白海豚"，其实体色会从初生的深灰色褪淡为成年的粉红色。它们和其他鲸鱼及海豚一样都属于哺乳类，和人类一样属恒温动物，用肺部呼吸、怀胎产仔，用乳汁哺育幼儿，素有"美人鱼"和"水上大熊猫"之美誉。

形态 中华白海豚身体修长呈纺锤形，体长
2.0~2.5米，重200~250千克。吻突出狭长，吻与额部之间被一道"V"形沟明显隔开。眼睛乌黑发亮，齿列稀疏。背鳍突出，位于近中央处呈后倾三角形；胸鳍浑圆，基部较宽，鳍肢上具有5指；三角形的尾鳍呈水平状，健壮有力，以中央缺刻分成左右对称的两叶，利于快速游泳。初生体呈深灰色，稍年轻的呈灰色，成体纯白色，背部散布有许多细小灰黑色斑点，有的腹部略带粉红色，鳍是近淡红色的棕灰色。

习性 **活动：**单独活动或3~5只结群，组群最多可有23条。群居结构非常有弹性，不会有固定成员。游泳速度很快，时速可达12海里。常和拖网渔船"作伴"，很少进入深度超过25米的海域。**食物：**河口的咸淡水中小型鱼类，不经咀嚼快速吞食。最喜欢吃狮头鱼，其次是石首鱼和黄姑鱼，食量很大，胃中食物重量可达7千克。**栖境：**红树林水道、海湾、热带河流三角洲或沿岸的咸水中，有时进入江河中。

繁殖 常年可交配，4~9月的温暖季节喜在水中交配，孕期10~11个月，哺乳期8~20个月，每胎一仔，3~5岁达到性成熟。寿命30~40年。

▶ 别名：妈祖鱼 | 自然分布：西太平洋、印度洋沿岸至南非，我国东海

豹海豹 ▶ 海豹科，扁豹海豹属 | *Hydrurga leptonyx* Blainville | Leopard seal

豹海豹

生活环境： 冰山和较小冰川的南极浮冰区

豹海豹体型巨大，尤其是头部，看上去十分凶猛，体色由银色过渡到深褐色，其上还带有黑色斑点，就像是一只猎豹，所以人们称它为"豹海豹"。它在南极处于食物链的顶端，可以多种恒温动物为食，尤其喜欢磷虾，天敌很少，所以很少被捕食。

形态 豹海豹成年体型蜿蜒修长，身体健壮，体长2.4～3.5厘米，雌性体长大于雄性。背部呈深灰色，腹部为银灰色，全身有或明或暗的斑点；头巨大，形状似爬行动物；鼻较长，下颌强壮，可大幅度张合，犬齿发达，臼齿复杂，有三个显著互扣的结节；亚成体身上覆盖着厚而柔和的绒毛，身上遍布黑斑；具背纹，腹部浅灰色。

习性 **活动：** 可在水中游动，十分敏捷、迅速，但在陆地上行动非常缓慢，经常在海底捕食。**食物：** 肉食性，常以磷虾、企鹅、海豹、鱼类、乌贼、海鸟、甲壳类动物及鲸鱼尸体等为食。**栖境：** 常生活在南极洲附近的冷水域，栖息在冷水中、粗糙的冰面、冰山或附近的岛屿上。

繁殖 在水中交配，在冰上繁殖，繁殖期一般在每年的12月到次年的1月，雌性的妊娠期为9个月，一般在9～11月诞下幼仔，每胎仅产一仔，初生幼仔长约120厘米，出生后的前四周，雌豹海豹会在冰流中抚育幼仔，哺乳期近4周；此后不久，雌性可再次交配，雄性只管交配，并不抚育后代。

● 肩部宽阔，全身包括鳍状肢都被毛

▶ 别名：豹形海豹 | 自然分布：赫德岛、麦克唐纳群岛、南乔治亚岛、南桑威奇群岛

斑海豹

生活环境： 西北太平洋海域及其沿岸和岛屿

斑海豹是唯一能够在中国海域繁殖的鳍足类动物，它灵敏的触觉是协助觅食的帮手之一。

形态 斑海豹的身体肥壮而浑圆，纺锤形，体长1.2~2米，重约100千克，雄兽略大于雌兽。全身生有细密短毛，背部灰黑色并分布有棕灰色或棕黑色的不规则斑点，腹面乳白色，斑点稀少。头圆而平滑，眼大，吻短而宽，唇部触口须硬长，念珠状。没有外耳郭，也没有明显的颈部。四肢短，前后肢都有五趾，前肢狭小，后肢较大而呈扇形。尾短小，夹于后肢间联成扇形。

习性 **活动：** 在沿岸依靠前肢和上体蠕动匍匐爬行，步履艰难；游泳时依靠后肢和身体后部左右摆动前进，时速可达27千米。可潜至100~300米的深水处，每天潜水多达30~40次，每次持续20分钟以上，令鲸类、海豚等望尘莫及。有洄游的繁殖习性，仅在生殖、哺乳、休息和换毛时才爬到岸上或者冰块上。**食物：** 肉食性，食性较广，主食鱼类和头足类。食物取决于季节、海域及所栖息的环境。其他食物包括各种甲壳类、头足类等。**栖境：** 北半球的西北太平洋海域及其沿岸和岛屿。

繁殖 每年1~3月繁殖，繁殖期多成对，产仔前雌兽会在浮冰上挖掘出一个巢穴，产仔时躲在巢穴中。孕期8~10个月，多为1仔。3~5岁性成熟。雄性15岁、雌性10岁后不再增长。

没有鳃，体内必须储备所需的氧，把氧存在血液中

为适应深海的高压，身体生理机能已经发生了变化，骨骼变得容易弯曲，肌肉组织变得更柔韧，纤维组织变得细密

灰海豹

生活环境：浅水域或距海岸不远的石头、岛屿或浅滩上

灰海豹在冬季期间，它们会在距海岸不远的石头、岛屿和浅滩上出现，就好像一只只巨大的灰色香蕉洗阳光浴一般。当踏入春季时，有一些迷途的小灰海豹，它们或许已经断奶，或许已满一岁，都会躺在海滩上，它们身体白白的，皮肤非常光滑，上面还带有细密的绒毛，非常可爱。

形态 灰海豹雄性体长约3米，雌性约2.3米，身体为灰色，背部颜色较深，腹侧较淡，身上带有一些斑点；雄性体毛的颜色较深，具淡色斑，雌性色淡，具深色斑；额鼻区高，鼻子较大，鼻孔分离，吻长；前颌骨长，颊齿强大，截面近圆形，齿冠单一，有34个齿；雄性颈部具3~4道深皱纹；前肢柔软，III指短于I、II指。

习性 活动：可以在浅水中游动，且十分敏捷、迅速，但在陆地上行动非常缓慢，可潜水到海底。食物：肉食性，常以底栖鱼类等为食，如鳕鱼、鲱鱼、比目鱼、章鱼等。栖境：常生活在北大西洋的西部、美国新泽西州的海岸，栖息在浅水域或距海岸不远的石头、岛屿和浅滩上。

繁殖 常在英国、爱尔兰的一些海岸繁殖，尤其是距诺森伯兰海岸、北罗纳不远的法尔恩群岛等都是灰海豹的主要繁殖地；东大西洋的小灰海豹在秋季9~11月出生，而西大西洋的小灰海豹则在冬季1~2月出生，刚出生的小海豹毛发茂密，体型较小，大致上呈白色；然后母体以乳汁喂养，约1个月，幼海豹的毛皮就会脱去，长出不透水的成体毛皮，而后便离开海岸，到海中觅食。

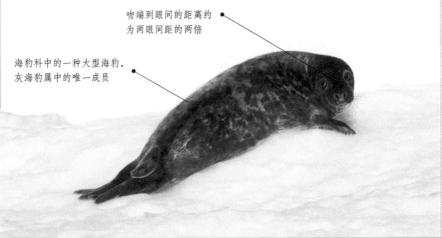

吻端到眼间的距离约为两眼间距的两倍

海豹科中的一种大型海豹，灰海豹属中的唯一成员

北海狮

生活环境： 北太平洋的寒温带海域

北海狮是体型最大的一种海狮，颈部生有鬃状的长毛，叫声很像狮吼。

体型瘦长，头顶略凹，眼大，颈长，全身主要为黄褐色，胸部、腹部颜色较浅

形态 北海狮雄性和雌性的体型差异很大，雄兽体长3.1~3.5米，重1000千克以上；雌兽体长2.5~2.7米，重约300千克。面部短宽，额头宽高，吻部凸出，眼和外耳壳较小，前肢较后肢长且宽，前肢第一指最长，爪退化。全身被短毛，仅鳍肢末端裸露。雄兽在成长过程中颈部逐渐生出鬃状长毛，无绒毛，身体黄褐色，胸至腹部颜色较深。

习性 **活动：** 集群活动。白天在海中捕食，游泳和潜水主要依靠较长的前肢，偶尔爬到岸上晒晒太阳，夜里在岸上睡觉。**食物：** 食性很广，主食底栖鱼类和头足类。多为整吞，不加咀嚼。为了帮助消化还要吞食一些小石子。**栖境：** 聚集在饵料丰富的地区。除繁殖期外没有固定栖息场所，雄性每个月花2~3周去远处巡游觅食，雌兽和幼仔在陆地上逗留时间相对较多。

繁殖 每年5~8月一只雄兽和10~15只雌兽组成多雌生殖群，每只雌兽受孕后立即退出群，其他未经交配的雌兽陆续补充进来。雌兽每胎1仔，3~5岁时达到性成熟。寿命可达20年以上。

雌性体色比雄性略淡，没有鬃毛

加州海狮

生活环境： *北太平洋沿海地区*

加州海狮经常出现在一些大型海洋馆中，被训练成"杂技演员"，做出各种好笑动作，深受人们的喜爱。

形态 加州海狮幼体体长约75厘米，成体雄性体长约2.2米，雌性较小，体长约1.8米。身体为深棕色；幼体身体表面覆盖着一层深棕色的毛，随着年龄增长逐渐变为淡棕色；胸部向前突出，呈半球形，其上有成簇的白毛，雄性的颈部、肩部及胸部均比雌性的粗壮。

听觉、嗅觉都非常好，在自然条件下在岸上受到惊吓后会迅速飞入海中

习性 **活动：** 常成群活动，白天在海中度过，晚上到岸上休息，可以在浅水中游动，且十分敏捷、迅速，时速可达10.8千米，可潜入水下深达274米，但一般只潜入80米，时间不超过9.9分钟。**食物：** 肉食性，常以各种水生动物为食，如鱼、鱿鱼、大马哈鱼、蛤蚌、鲱鱼等，偶尔取食海鸟。**栖境：** 常生活在北太平洋的沿海地区，栖息在人类建造的一些海上结构附近，如码头、海上浮标、石油平台等。

繁殖 每年6月初进行繁殖，此时雄性海狮会建立自己的地盘，雌性则于6月中才会来到，一两天后便开始交配，交配会持续2个星期；然后在七月中旬雌性产下小海狮，雄性会继续守在自己的领土；约一星期后，可再次交配；小海狮在4、5岁达到性成熟，寿命为15～24岁。

腹部及边缘的颜色稍浅

别名： 海驴 | **自然分布：** 北美西部海岸，从阿拉斯加东南部到墨西哥中部

| 西印度海牛 ▶ | 海牛科，海牛属 | *Trichechus manatus* L. | West Indian manatee |

西印度海牛

***生活环境：** 水草茂盛的河流或平静、近河口的海域*

西印度海牛有2个亚种，其身体呈流线型，皮肤粗糙少毛或无毛，能自由穿梭于淡水和海水之间，臼齿能从上下颌基部往前水平移动更换，其肉、脂肪和骨骼应用于多种民俗疗法中，肋骨在质地上与象牙相似，常被非法雕刻当作珠宝贩卖。

形态 西印度海牛个体体型间有所差异，一般来说体长2.7~3.5米，重200~600千克，雌性稍大于雄性。亚种佛罗里达海牛比安地列斯海牛体型稍大。身躯流线型，背脊宽阔而无背鳍。头小，浑身呈灰色。皮肤厚而紧实，表面粗糙，体毛稀疏甚至无毛。

习性 **活动：** 没有明显偏向日行性或夜行性，温暖环境下每天睡2~4个小时，天冷时会睡长达8个小时。有社交行为，会成群呼吸、休息与旅行，呼吸时只将吻尖露出水面。在繁殖季分享食物。在淡水或温暖水域时会形成短暂的群体，一般是海牛母子，彼此间会以高音的轧轧声或尖锐声联系。遇险时母海牛会用身体保护幼兽。**食物：** 主食水草，每天花费6~8小时觅食。**栖境：** 喜好水草茂盛的河流或平静、近河口的海域。岸边栖地包括海湾、河口，有时会上溯河道上百千米远。

繁殖 终年皆可生产，大多数幼兽在3~8月诞生。孕期12~14个月，通常每胎1仔，两胎间隔约2年半。哺乳期约18个月。寿命60~70年。

有些个体外观呈褐、红或白色，可能是藻类或藤壶附着于皮肤表面

| 别名：加勒比海牛 | 自然分布：佛罗里达、大安的列斯群岛、拉丁美洲 |

| 海獭 | ▶ | 鼬科，海獭属 | *Enhydra lutris* L. | Sea otter |

海獭

生活环境： 北太平洋的寒冷海域

　　海獭是海洋哺乳动物中最小的种类，很少在陆地或冰上觅食，多数时间都待在水里，连生产与育幼都在水中进行。它喜欢仰躺着浮在水面上，或潜入海床觅食。

待在海面时，几乎一直在整理毛皮，保持它的清洁与防水性

形态 海獭身体呈圆筒形，成体雄性体长可达1.47米，重约45千克；雌性可达1.39米，重约33千克。头小。耳壳小。吻端裸出，上唇有须。躯干肥圆，后部细，形似鼬鼠。前肢短；后肢扁而宽，鳍状，趾间具蹼。体被刚毛和绒毛。尾部扁平，占体长的约1/4。

习性 **活动：** 生活于海中，善于游泳和潜水，仅休息和生育时上陆；喜群栖，有时百头为群，但常分散觅食。**食物：** 主食棘皮动物、软体动物及各种甲壳类。**栖境：** 喜冷水域，北太平洋的阿留申群岛最多。

繁殖 无明显的生殖季节。水中交尾。孕期近一年，多在春季和夏季产仔。陆地分娩，一胎一仔。

▶ | 别名：海虎 | 自然分布：北太平洋、阿留申群岛、阿拉斯加、堪察加、科曼多尔群岛

海象 ▶ 海象科，海象属 | *Odobenus rosmarus* L. | Walrus

海象

海洋中体型仅次于鲸类的动物

生活环境： 北极或近北极的温带海域

海象分太平洋海象和大西洋海象两个亚种。它的四肢退化成鳍状，仅靠后鳍脚朝前弯曲和两枚长长獠牙刺入冰中的共同作用才能在冰上匍匐前进。

在北极海域附近的海域也能看到它的踪影

形态 海象体型大，身体圆筒形，肥胖粗壮，雄兽体长3.3~4.5米，体重1200~3000千克，雌兽较雄性小。头扁平，吻短阔。眼小鼻短，无外耳壳。牙24颗或少于24颗，下门齿消失。四肢颇似鱼鳍，称为鳍脚，前肢5指能分开，后肢能向前方折曲以供其在陆地或冰上爬行或支撑身体。尾巴很短，隐于臀部后面的皮肤中。皮肤厚而多皱。

习性 **活动：** 群栖性，每群几十只、数百只到成千上万只。在海中行动自如，时速达24千米，可潜至70米以下，在水中能完成取食、求偶、交配等活动；在陆地上多数是睡觉休息以缓解游后疲劳。**食物：** 食性较杂但不吃鱼，主食瓣鳃类软体动物，也捕食乌贼、虾、蟹和蠕虫等。**栖境：** 北极或近北极的温带海域

繁殖 一夫多妻制。每3年一胎，每胎1仔，孕期11~13个月。雌兽5年性成熟，雄兽则需要6~8年。寿命30~40年。

身体庞大，皮厚多褶，有稀疏刚毛，一对终生生长的白色上犬齿最为独特，尖部从两边的嘴角垂直伸出嘴外，形成獠牙，很像陆生动物大象的门齿

▶ 别名：不详 | 自然分布：北冰洋海域及附近其他海域

蓝鲨

身体为蓝色，故得名

生活环境：热带、温带水域

　　蓝鲨平时在水中总是很缓慢地游动，一副很悠闲的样子，但它可十分凶猛，一旦发现自己心仪的猎物时，便以极快的速度前进，将食物一口吞下，十分残忍，而且，它是公认的会袭击人类的鲨鱼。

形态 蓝鲨体长1.8～2.4米，最长可达3.8米。体背侧为深蓝色，腹侧白色，身上无任何色斑，胸鳍及臀鳍的鳍尖端颜色较暗。头窄而纵扁；眼较大，为圆形，眼眶后缘没有缺刻；前鼻瓣短，呈宽三角形，吻长，呈抛物线状；口裂宽大，呈深弧形，上颌齿呈宽扁的三角形，下颌齿直立，又窄又长，边缘有锯齿；胸鳍狭长，鳍端伸达第一背鳍基底后部；背鳍2个，第一背鳍中等大小，后缘凹陷，上角钝尖，下角尖突，第二背鳍较小，起点与臀鳍起点相对；尾鳍窄而长，尾椎轴向上扬起，后部呈小三角形突出，尾端尖突。

习性 活动：常在水表面活动，游动缓慢，游动时胸鳍开展，背鳍及尾鳍上叶会露出水面，性凶猛，活动力强，对人类具有主动攻击的危险。**食物**：肉食性，常以硬骨鱼类、小型鲨鱼、头足类、甲壳类、鲸类动物的腐肉、海鸟及垃圾等为食。**栖境**：常生活在热带、温带水域，在温带水域中，生活在近岸的浅水域中，在热带水域中，常生活在稍微深些的水域，栖息深度0～350米，水温范围7～16℃。

繁殖 胎生，雌性5～6岁成熟，雄性4～5岁发情。雄性通过雌性的外观和被咬的疤痕来确定自己的交配对象。交配时，雄性会咬住雌性，然后交配受精；母鲨妊娠期为9～12个月，一胎可产下4～135尾幼鲨；刚出生的幼鲨体长可达35～44厘米。

▶ **别名**：锯峰齿鲨、锯峰齿鲛、水鲨 | **自然分布**：世界各大热带、温带海域

佛氏虎鲨

眼上的眉骨钝而向上突出

生活环境：沙地浅滩、礁岩洞穴、海藻床

　　佛氏虎鲨是一种非常"安土重迁"的鲨鱼，一生都不会离开栖息地超过20千米。它虽然是肉食性动物，但生性温顺，并不会伤害人类。

形态 佛氏虎鲨身体延长，呈圆柱形，体长可达122厘米。体色为褐色且具有深褐色鞍状斑块。头短而高，眼与眉骨之间深深地凹陷，瞬膜缺乏；口小而弯曲，口角处褶皱，口裂狭窄，下颌口角具唇沟，上颌骨具有19～26个齿，下颌骨具有18～29个齿；鳃裂5对，喷水孔较小；背鳍两枚且具有硬棘，尾鳍后缘有缺刻。

习性 **活动：**身体笨拙，常不定时地运动，游动缓慢，属夜行性，独居性。**食物：**肉食性，常以各种底栖海洋无脊椎动物为食，包括海胆、蟹、虾、鱿鱼、腹足类、海星和鲍鱼等。**栖境：**常生活在东太平洋区的亚热带、温带水域，栖息在沙地浅滩、礁岩洞穴以及海藻床上，栖息深度2～11米。

繁殖 繁殖期在每年12月到次年1月，交配时雄性会追逐雌性并用牙齿咬住雌性的腹鳍，将抱握器插入雌性的泄殖腔，交配持续30～40分钟；雌性在2～4月产下24个卵，将卵产在水深2～13米处；6～8个月后孵化出鲨鱼幼仔，幼仔10～12厘米长、3～4厘米宽，在浅层水域活动；当幼鲨达到35～49厘米长时，迁移到40～150米深水域。

最长寿命是25年。

身体上布满黑色的圆斑点

大白鲨

生活环境：热带及温带的开放洋区

　　大白鲨对人类的危害性非常大，有时会在未受刺激的情形下对游泳、潜水、冲浪人，甚至小型船只进行致命的攻击。另外，它还以好奇心大闻名，经常从水中抬起头，通过啃咬方式去探索不熟悉的目标，还会将一切感兴趣的东西吞下，当然它的胃十分坚韧，所以这样吞入东西不会弄伤它们。

形态 成年大白鲨体型较大，体长一般在4～5.9米，目前已知最大的长达7.2米，雌性比雄性大些。身体为灰色、淡蓝色或淡褐色，体型较大者颜色较淡，身体上带有一些斑点；眼睛为黑色，较大；牙齿大而尖，且有锯齿缘，呈三角形；尾呈新月形。

习性 **活动**：在水表面游动时速度十分快，若发现海底猎物时，会以每小时40千米的速度朝猎物游去并攻击猎物。**食物**：肉食性，常以鱼类、海龟、海鸟、海狮、与它相似体重的海象、海豹、濒死的巨大须鲸、海豚、鲸鱼尸体、海獭、海面上漂浮的死鱼等为食。**栖境**：热带及温带的开放洋区，但常会进入内陆水域，栖息于近水表层，栖息深度3～300米，有时也下降到700米或1000米深处。

繁殖 卵胎生。约15岁时达到性成熟，妊娠期约12个月，每窝产下2～10只幼仔，刚出生的小鲨鱼体长超过1米，常在出生一个月后长出齿。大白鲨的寿命极长，可以达到70年左右。

牙大且有锯齿缘

腹部呈淡白色，背、腹体色界限分明

鲸鲨

生活环境： 暖水域中上层的礁石区

鲸鲨拥有巨大的身躯，性格十分温顺，不会伤害人类，有时还会与潜水员嬉戏，经常被科学家用来教育社会大众，不是所有的鲨鱼都会"吃人"。它游动速度非常慢，还喜欢在阳光充足的午后漂浮在海面上晒太阳，所以，人们又称它为"大憨鲨"。

形态 鲸鲨体型较大，体长一般为9～12米，最大个体长达20米，体延长粗大。身体大部分为灰色，腹部白色，其上有黄白色斑点与条纹。头部扁平，眼睛较小，位于扁平头部的前方，无瞬膜；口巨大，上下颌均具有唇褶，齿细小而多，呈圆锥形；鳃耙角质，分支成许多小枝、结成过滤网状；有2个背鳍，第1个背鳍比第2个背鳍大，呈三角形；胸鳍宽大，长达4.8米；尾鳍分叉，长达2.4米，呈新月状。

习性 **活动：** 常单独活动，只在食物丰富的地区才群聚在一起。雄性的活动范围比雌性更大，游动速度缓慢，常漂浮在水面上晒太阳。**食物：** 杂食性，常以浮游生物、巨大藻类、磷虾、小型乌贼、脊椎动物等为食。**栖境：** 各热带和温带海区，在南北纬30°～35°的范围，栖息在暖水域中上层礁石区，深度不超过700米。

繁殖 目前对鲸鲨的繁殖了解得很少。鲸鲨会在30岁左右达到性成熟，是一种卵胎生动物，繁殖期时，雌鲨会将精液保存下来，然后在很长一段时间内稳定地繁殖出幼鲨。产卵后，先将卵留在身体内，直到幼鲨生长到40～60厘米后才释出体外，幼鲨并非全部同时出生。它们的寿命可以达到70～100年。

喷水孔较小，位于眼后

姥鲨

生活环境： 温带和亚寒带海区

姥鲨是已知最大的鲨鱼之一，有像巨穴般的大颚，非常宽阔，可达1米，在摄食时常大大张开。

形态 姥鲨体型较大，身体呈纺锤形，躯干较粗壮，长度6.7～8.8米。体背侧呈灰褐色，腹侧白色；头较大，略侧扁，呈锥形；圆形的眼睛较小，无瞬膜；口裂较为宽大，广弧形，有唇褶；下颌短，口闭合时不露齿；有很多细小的颌齿，呈圆锥形，边缘较光滑；喷水孔细小，圆形；有5个很宽的鳃孔，位于眼后，由背上侧延伸至腹面；胸鳍宽大，呈镰刀状；背鳍2个，第一背鳍大而略呈等边三角形，起点于胸鳍与腹鳍之间，第二背鳍颇小，起点在腹鳍后端之后；尾鳍呈叉形，尾椎轴稍上扬。

习性 活动：有明显的昼夜垂直移动现象，在拂晓和黄昏时上升到表层，其他时间栖息在深水层，生性迟钝，游动缓慢，船只靠近它时也不逃逸，喜结成小群。**食物：** 一种被动的捕食者，常以浮游生物、小鱼、无脊椎动物等为食。**栖境：** 生活在太平洋、印度洋和大西洋的温带和亚寒带海区，栖息在外海大洋上层，栖息的最适水温为8～14℃。

繁殖 卵胎生，约在6～13岁及身长4.6～6米时会达至性成熟，繁殖期2～4年，常在初夏时交配；夏末雌性姥鲨会游到浅水区分娩；生长中胚胎会依赖卵黄，而由于没有胎盘连接，后来会以未受精的卵子来提供营养，妊娠期常超过1年，刚出生的幼鲨体长1.51～2米。

鳃裂差不多环绕整个头部，看起来非常吓人，一般不伤人，牙齿只在交配中才发挥出巨大的作用

扁鲨　▶　扁鲨科，扁鲨属　|　*Squatina squatina* L.　|　Angelshark

扁鲨

***生活环境：** 大陆棚、柔软的泥沙海床*

　　扁鲨的外形与常见的鲨不同，特别懒，在没有发现食物的时候，喜欢待在海底不动，一旦发现食物，则可借助其宽大的胸鳍既可"飞"又可"滑翔"，尤其是"起跑"速度非常惊人，迅速地将猎物捕住并作为自己的盘中餐。

形态　雌扁鲨长达2.4米，雄鲨1.8米，它们的身体扁平，非常阔大，身体背面呈灰色至红或绿褐色，有黑白色相间小点，腹面为白色。幼鲨体表的图案更多，有淡色的线及深色的疙瘩；头部较为宽大，眼睛细小，位于背部，眼后有一对很大的气孔；头部两侧有一列皮肤的皱褶及呈三角形的鳍；鼻孔前方有一对触须；胸鳍宽大，略呈圆形；背鳍两条，前缘颜色较深，后缘则颜色较浅；尾鳍底叶较大。

习性　**活动**：平常不喜欢活动，潜伏在海底，夜间时出来捕食、活动，捕食时，游动的速度非常惊人。**食物**：肉食性，常以底海底栖息生物为食，如硬骨鱼、鳐科及无脊椎动物等。**栖境**：生活在大西洋东北部的温带海域，常栖息在大陆棚、柔软的泥沙海床等，栖息水深约150米。

繁殖　无胎盘胎生，雌鲨每两年繁殖一次，每次产下7～25条幼鲨，雌性的体型越大，产下的幼仔数目越多，刚出生的幼仔体长24～30厘米；妊娠期通常为8～10个月，生长中胚胎只会依赖卵黄提供营养，而由于没有胎盘连接，后来会以未受精卵子来提供营养。

身体扁平，很像一把琵琶，所以，人们也称它为"琵琶鲨"

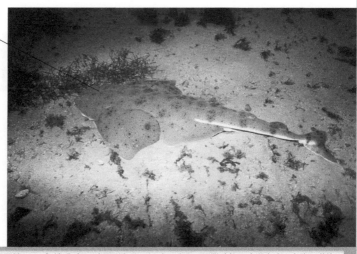

逆戟鲸　▶　海豚科，虎鲸属　|　*Orcinus orca* L.　|　Killer whale

逆戟鲸

能发射超声波判断鱼群
大小和游泳方向

生活环境：极地和温带海域

　　逆戟鲸是海豚科中体型最大的一种齿鲸，能发出62种声音，且各有各的含义。

形态 逆戟鲸身体呈纺锤形，体长6.7~8.2米，重3.6~5.5吨，雌性个体略小于雄性。鳍肢圆形，雄性背鳍直立，高1.0 ~ 1.8米，雌性背鳍镰刀形，高不及0.7 米。头部略圆，吻部不突出，嘴巴大而细长，能吞下一整只海狮。上、下颌每齿列有10 ~ 12枚锋利的圆锥形齿。皮肤表面光滑，皮下脂肪很厚，体背面漆黑色，体腹面雪白，尾叶腹面白色或浅灰色，具黑色边缘，背鳍后方有浅灰至白色的马鞍状斑纹。

习性 活动：喜群居，2 ~ 3只或40 ~ 50只结群，每天静待水表层2 ~ 3个小时。群体成员一起旅行、用食，互相依靠，雄性负责寻找、引导鲸群集体猎杀食物，分工明确，无地位高低之分，母幼关系终生稳定，族群过大时会分家产生新族群。泳速可达时速55千米，空气凉爽时常见它们低矮而呈树枝状的喷气。**食物**：肉食性，包括鱼类、其他鲸类、鳍足类、海獭类、鸟类、爬行类和头足类。**栖境**：极地和温带海域，在高纬度地区特别是猎物充足的海域栖息密度高。

繁殖 全年可交配，每3 ~ 5年一胎，每胎1仔，孕期、哺乳期各约1年。出生后1 ~ 2年的幼仔能发出粗粝的声音，要完全掌握成体的"语言"至少要花5年时间。雄性寿命50 ~ 60年，雌性80~90年。

▶　别名：杀人鲸、虎鲸　|　自然分布：全世界所有海域

蓝鲸

生活环境：寒冷、高纬度海域，温暖、低纬度海域

　　蓝鲸至少有三个亚种，分别生活在北大西洋、北太平洋、印度洋和南太平洋。它被认为是体型最大的动物，一头成年蓝鲸能长到体重是非洲象的约30倍。

嘴巴前端鲸须板密集，约300个鲸须板悬于上颌，深入口中约半米

形态 蓝鲸体型大，长约25米，200吨以上，雌性大于雄性，南蓝鲸大于北蓝鲸。身躯瘦长，长椎状，体背深苍灰蓝，腹面稍淡，口部和须黑色。头非常大，平而呈U形，吻宽而平。从上嘴唇到背部气孔有明显的脊形突起，60~90个凹槽（称为腹褶）沿喉部平行于身体，这些皱褶用于大量吞食后排出海水。背鳍、鳍肢较小，尾鳍后缘直线形。

习性 **活动**：游泳时速约20千米，竞速时达50千米。**食物**：以浮游生物为食，主食磷虾，也食小型鱼类。每天消耗2～4吨食物。摄食时游泳时速2～6千米，洄游时速5～33千米，一般10～20次小潜水后接一次深潜水，浅潜水间隔12～20秒，深潜水可持续10～30分钟。**栖境**：夏季时处在食物丰富且寒冷、高纬度的海域，冬季时在温暖、低纬度的海域交配生产。

繁殖 秋后至冬末交配，每2~3年生产一次。孕期10~12个月，哺乳期6个月，8~10岁性成熟。对最高寿命的估计从30年到90年不等。

南极海狗 ▶ 海狮科，毛皮海狮属 | *Arctocephalus gazella* Peters | Antarctic fur seal

南极海狗

生活环境：*南极洲水域附近*

南极海狗的名字来源非常有趣，库克船长在1775年驾驶一艘德国船SMS Gazelle捕捉到它的时候，就将它命名为"Arctocephalus gazella"。

形态 南极海狗体型较大，雄性体长可达2米，体色呈深棕色，雌性体长约1.4米。身体背面呈绿色，腹面颜色较浅。仔兽体长63～67厘米，颜色深棕。成体身上被粗毛和密厚的绒毛；头骨额凸；眼圆，为黑色；吻宽而短；鼻较短，仅有35毫米，前部呈宽喇叭形；上颌第4～5和第5～6颊齿间虚位，齿非常小，单尖，由前向后，齿冠逐渐变小。

习性 **活动**：常单独活动，每年蜕皮时雌雄群集活动，性情十分温顺，偶尔具有攻击性行为；擅长潜水，最深可潜水180米，时长达10分钟。**食物**：肉食性，以磷虾、南极鱼、乌贼和企鹅等为食。**栖境**：南极洲水域附近，常栖息在大陆棚、浅水域或水域附近的沙滩上，栖息水深最深约180米。

繁殖 每年春天繁殖期，就会有约10万只南极海狗聚集在南乔治亚岛，雄性南极海狗会在每年10月末～11月中旬建立自己的繁殖领地，并且非常凶猛地保护即将与自己交配的雌性；雌海狗与雄海狗在雄性建立的繁殖领地交配后会在次年的繁殖季节生产；在小海狗出生7天后雌海狗便会再度交配，此时，小海狗就必须完全依靠自己的能力进行捕食活动。

口臭可是种内出了名的，是最臭的狗口臭味的10000倍，即使牙齿上没有毒液，但被满是细菌的嘴巴咬上一口也不是件令人愉快的事

▶ 别名：海狼 | 自然分布：南乔治亚岛、南桑威奇群岛、南设得兰群岛、南奥克尼群岛等

PART 13
230~251页

海洋鸟类

簇海鹦

生活环境：海洋、岛屿、陆地

成鸟头很大，眼后具有向后弯的草黄色羽毛，有光泽；喙较厚实，鲜红色和黄褐色，繁殖季节时面部变成白色

簇海鹦的外形很独特，雄鸟繁殖季节时头冠凤羽呈金黄色，两束黄色小辫搭垂在两肩上，看上去常让人忍俊不禁。它是一种身体十分结实的鸟类，擅长游泳捕鱼，但是在陆地上行走时则显得非常僵硬、步履蹒跚，像是一个蹒跚学步的小婴儿。

形态 簇海鹦身材短粗，体长38～41厘米，翼展63.5厘米。体色随着生命周期而变化，未成鸟似冬天的成鸟，胸部灰褐色，腹部白色，当初夏繁殖期结束，鸟喙变成沉闷的红褐色，而且腹部散着一些浅棕色斑点，腿和脚为红色或橙红色，并贯穿全年。脊羽淡灰色，从侧面看呈扁平形；翅羽呈黑色。

习性 **活动**：善于潜水，可在水下游泳和捕捉猎物，不善飞翔，飞行时常快速剧烈地拍打羽翼，迁徙途中飞行和在栖息地常群集活动，集体捕食。**食物**：各种海洋生物，如鲱鱼、毛鳞鱼和沙丁鱼、鲑鱼、鳕鱼、甲壳类、乌贼等。**栖境**：海洋中，只有繁殖时期才回到岸边的岛屿或陆地。

繁殖 一夫一妻制，在每年3～4月到达繁殖地，常在早晨或傍晚交配，交配主要发生在水中，极少数情况下在陆地上进行。交配时会用头轻弹来表示爱慕。产受精卵期在5月，雌鸟一次只产一枚受精卵，为椭圆形，呈白色，上有淡蓝色和褐色斑纹，40～53天孵化出幼鸟，出生后45～55天内，全靠其父母捕来的鱼喂养，六个星期后，小鸟开始单独生活，羽毛丰满时飞到海上独自谋生；性成熟期3～5年，寿命20年以上。

红嘴鹲

最独特的地方是又大又红的
"嘴唇"，让人过目不忘

生活环境： *海洋上空、岛屿、陆地*

红嘴鹲长相优美，体型匀称，当它在空中一闪而过时，就像飞机戈过天际时留下的白色痕迹，给人无限想象的空间。

形态　红嘴鹲属中型海鸟，体长约46厘米，翼展99～106厘米。中央尾羽延长、白色，长约为体长的1/3。背具黑色横斑。嘴红色，大而直，长55～60毫米，嘴下常有发育程度不同的喉囊。初级飞羽为黑色，内翈宽有宽阔白缘；具全蹼，四趾均朝前。

中央尾羽非常长，可达体长的1/3

习性　**活动**：善飞翔，除繁殖季节登陆产卵育雏外，其余时间均在海洋上飞翔，有时长期跟随渔船飞行，于桅杆上歇息，多单独或成对活动。**食物**：以飞鱼、乌贼、甲壳类及无脊椎动物等为食。**栖境**：几乎所有热带海洋上空，只有繁殖时期才回到岸边的岛屿或陆地，它理想的栖息地是较为陡峭又柔软多沙的地带。

繁殖　每年3～4月到达繁殖地，早晨或傍晚交配，在海岸边产受精卵；产受精卵期在5月，雌鸟一次只产一枚，产在海岛岸边岩石上或岩缝中。受精卵为椭圆形，呈白色，其上有褐色斑纹；1～2个月孵化出幼鸟，出生后一段时间内，全靠其父母捕来的鱼喂养，六个星期过后，小鸟开始单独生活，羽毛丰满时飞到海上独自谋生。

别名：短尾鹲、热带鸟　|　自然分布：整个热带海洋

| 白鹈鹕 | ▶ | 鹈鹕科，鹈鹕属 | *Pelecanus onocrotalus* L. | Great white pelican |

白鹈鹕

生活环境： 芦苇丛浅水处、湖边泥地或树上

　　白鹈鹕的嘴下有一个大大的喉囊，可自由伸缩，是存储食物的好地方。当发现鱼群时，它们会排成直线或"U形"包抄，把鱼群赶向浅水区，再张开大嘴舀起鱼儿，收缩喉囊排出水，美餐一顿。

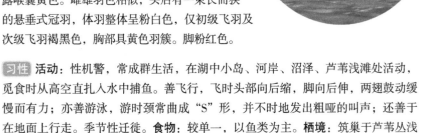

嘴长而粗直，铅蓝色，嘴下有一橙黄色皮囊

形态 白鹈鹕体型大，粗短肥胖，脸上裸露皮肤粉红色，虹膜红色，嘴铅蓝色，裸露喉囊黄色。雌雄羽色相似，头后有一束长而狭的悬垂式冠羽，体羽整体呈粉白色，仅初级飞羽及次级飞羽褐黑色，胸部具黄色羽簇。脚粉红色。

习性 活动：性机警，常成群生活，在湖中小岛、河岸、沼泽、芦苇浅滩处活动，觅食时从高空直扎入水中捕鱼。善飞行，飞时头部向后缩，脚向后伸，两翅鼓动缓慢而有力；亦善游泳，游时颈常曲成"S"形，并不时地发出粗哑的叫声；还善于在地面上行走。季节性迁徙。食物：较单一，以鱼类为主。栖境：筑巢于芦苇丛浅水处、湖边泥地或树上，由树枝、枯草和水生植物等构成，较为庞大。

繁殖 每年4～6月繁殖，每窝产受精卵1～4枚，白色；孵化期29~36天，雌雄亲鸟共同哺育，雏鸟65~75天离巢。

黑色的眼位于粉黄色的脸斑上极为醒目

繁殖期头后部有一簇长而窄的白色冠羽

▶ | 别名：犁鹈 | 自然分布：非洲、欧亚大陆中南部、南亚，我国新疆西北、黄河上游、青海湖

蓝脚鲣鸟

生活环境： 热带海洋、海岬、岛屿

　　蓝脚鲣鸟是捕鱼高手，在海面上空很高的地方飞行时，一旦发现爱吃的鱼便会收拢双翅，头朝下像一颗流星溅入大海，入水时产生巨大声响，能把水面以下1.5米处游动的鱼震晕，这时它们会以迅雷不及掩耳之势钻入水里，用双翅和带有蹼的脚拨水，在水中快速游动觅食，一咬住鱼，便在水下把鱼吞入腹中，然后浮出水面。当然每次入水都有生命危险，位置和角度不好会折断脖子而丧命，但它们还是愿意为了美食而冒险。

一双蓝色的大脚是醒目的特征

形态 蓝脚鲣鸟体长76～84厘米，翼展152～158厘米，翅膀较为狭长，身体上的羽毛均为白色，飞羽为黑色，尾羽14枚，呈楔形，也是黑色；嘴长而尖，末端较粗大，呈圆锥状；眼睛呈黄色；脖子粗壮，头部和颈部具浓重的棕色和白色条纹；脚粗而短，脚蹼很大，为明亮的蓝色。

习性 活动：善于飞行和游泳，常小群飞行于海面上空或在海面游泳。食物：常以沙丁鱼、凤尾鱼、飞鱼、乌贼、其他无脊椎动物等为食。栖境：热带海洋、海岬和岛屿上，除繁殖期大多数时间都在海上活动，也可潜入水中进行捕食活动。

繁殖 一夫一妻制。繁殖期间，雄鸟会不停地左右抬起醒目的蓝色大脚或上扬双翅来吸引雌鸟的注意。交配后雌鸟产下2～3个受精卵；雌雄鸟轮流孵受精卵，常用大脚蹼护住受精卵保持温度，直到孵化出幼雏，孵化期41～45天；小鸟羽毛丰满约102天。

雌鸟的瞳孔较雄鸟的要大

| 普通鸬鹚 | ▶ | 鸬鹚科，鸬鹚属 | *Phalacrocorax carbo* L | Great cormorant |

普通鸬鹚

生活环境：湖边、河岸、沼泽地的树木上、岩石地上或湖心岛上

"舟轻惊白鹭，哨响落鱼鹰"描绘的便是渔翁带着鸬鹚捕鱼的情景。它是绝对的捉鱼高手，常偷偷靠近猎物，突然用嘴发出致命一击。在昏暗的水下，它是看不太清猎物的，但可以借助敏锐的听觉来达到百发百中的效果。抓到鱼后它需要浮出水面吞咽，此时鱼便被渔翁截留下来。

形态 普通鸬鹚体型大，夏季头、颈和羽冠黑色，具白色丝状羽，虹膜蓝色，嘴黑色，眼周、喉侧裸露皮肤黄色，喉囊橙黄色。雌雄羽色相似，整体呈黑色并具金属光泽，翼覆羽铜褐色，尾羽灰黑色，下胁有一白色块斑。冬羽似夏羽，但头颈无白色丝状羽，两胁无白斑。脚黑

栖于水边岩石上或水中，垂直站立 色。

习性 活动：性不甚畏人，常结小群活动。善游泳、潜水，亦会掠水面低飞或站在水边岩石上或树上休息。繁殖期发出咕哝声。部分季节性迁徙。食物：主要吃鱼类、甲壳类动物。栖境：筑巢于湖边、河岸、沼泽地的树木上、岩石地上或湖心岛上，由枯枝、水草等构成，亦利用旧巢。

繁殖 每年4~6月繁殖，每窝产受精卵3~5枚；雌雄亲鸟轮流孵受精卵，孵化期28~30天，亲鸟共同育雏。

头颈有白色丝状羽

通体黑色，头颈具紫绿色光泽，两肩和翅具青铜色光彩

澳洲蛇鹈

生活环境： 淡水池塘和沼泽旁高大的树木上或厚厚的植被区

澳洲蛇鹈是潜水高手和捕鱼高手，但是它们捕食时很辛苦，常将口中的鱼在空中翻转，而且它的羽毛并不像其他水禽那样防水，每次下水捕食后必须返回岸上，在阳光下展开翅膀晾晒羽毛，使身体保持干燥温暖；它们游泳时身体是淹没在水中的，然后舒展头和脖子与水面持平，其头和脖子像蛇在水中滑行，所以，人们又称它为"蛇鸟"。

形态 澳洲蛇鹈是一种身体细长的水鸟，体长85～97厘米，翼展116～128厘米；头小而窄，颈S形，细长如蛇，雌鸟头部驼色，颈部、胸部和腹部均为黑色；鸟喙黄褐色，上颚线黑色；颔有一条白色线，可延伸至颈侧，肩胛处白色丝状羽上具黑色羽缘，且雄性黑色羽毛上有灰绿色光泽；脚爪灰色。

习性 **活动：** 善于潜水，用锋利和长而大的鸟喙当鱼叉叉鱼，在水中游泳时将身体淹没在水中，舒展头和脖子与水面持平。**食物：** 常以各种鱼类为食，如澳大利亚香鱼、澳洲黑鲷、河鲈、金鱼、鲤鱼等。**栖境：** 热带、温带地区，常栖息于淡水池塘和沼泽旁高大的树木上或厚厚的植被区。

繁殖 常在生活区的淡水区或内陆海水区繁殖，一年繁殖一次，在南澳大利亚繁殖期为每年8～10月，在北澳大利亚为每年1～4月；繁殖期眼周羽毛呈蓝色环状。交配后雌鸟每巢产3～5枚受精卵，浅蓝色，覆盖石灰样物质；雏鸟孵化期约1个月，双亲共同孵受精卵和照顾幼鸟。

无论雌雄都具有长扇形尾部羽毛

别名： 蛇鸟 | **自然分布：** 澳大利亚、印尼、巴布亚新几内亚、东帝汶、新西兰

丽色军舰鸟

生活环境： 各大热带、亚热带海洋

　　丽色军舰鸟以其掠夺性取食习性而闻名，当它遇见鹈及鸥类等在水中啄获鱼类并衔

● 喉囊为红色，看上去像在脖子上挂了一个鲜红的大气球

鱼飞翔时，常猝然猛扑，迫使它们放弃口中的鱼虾，然后急速俯冲，攫取下坠的鱼虾占为己有，正是由于这种"抢劫"行为，人们又贬称它为"强盗鸟"。

形态 丽色军舰鸟体长95～110厘米，雌鸟体形较雄鸟大。雄性全身均为黑色，雌性胸部及下颈两侧为白色，双翼上有一道褐色条带，眼圈为蓝色；两翅狭长，末端很尖，翼展215～245厘米，羽毛黑色，但肩胛羽毛在阳光下有一层紫色的虹。嘴基裸露。尾延长，呈深叉状；四趾向前，趾间蹼呈深凹状；爪长且弯曲。

习性 **活动：** 飞翔极为迅捷、灵巧，不善于陆行和游泳，能在高空盘旋巡视，一旦发现鹈及鸥类等水中啄获鱼类并衔鱼飞翔时，立即俯冲疾驰追击，猛烈啄击前者的尾部，迫使其张口，然后再借灵敏的飞翔术将空中下落的鱼类啄食。**食物：** 常以小海龟、小型鸟类、鱼类、虾、乌贼、水母等为食。**栖境：** 世界各大热带、亚热带海洋，栖息于海岛上，筑巢于树木上或灌木丛间。

繁殖 每年8～10月繁殖，常成群地喧嚣，雄鸟会在领地上鼓起颌下喉囊，雌鸟根据喉囊来选择配偶。雌雄交配后，雌鸟产1个受精卵，并负责孵化，孵受精卵期53～61天；刚出壳的幼雏裸露无毛，眼睛睁不开，由双亲共同哺食；22周后幼鸟独立取食活动。

▶　**别名：** 强盗鸟、华丽军舰鸟　|　**自然分布：** 安圭拉、伯利兹、百慕大、巴西、牙买加、乌拉圭、委内瑞拉、美国

王信天翁

生活环境： *海岛周边的丛生草原、高原、山脊*

　　王信天翁双翼狭长，可以在气流中逆风飘举和顺风滑翔，滑翔飞行时很少振翅，但它起飞还是很难的，在海面上需要靠两个长长的翅膀急剧拍打才能起飞，在陆地上根本无法起飞，常要爬到悬崖边或高坡上，再向下跳才能飞起。

能一边飞翔一边睡觉，是鸟类中杰出的滑翔冠军

形态 王信天翁是一种大型海鸟，体长1.12～1.23米，翼展2.9～3.28米，最长可达3.51米，翅为深棕色或黑色，其上带有白色斑点；幼体的头、颈部、身体上半部分、臀部及身体腹面均为白色，身上覆盖有黑色斑点；幼体的尾羽为白色，末端较尖，为黑色，成年后尾尖的黑色消失。

习性 **活动：** 飞行能力极强，除了产卵以外，极少在陆地停留，可以绕地球飞行一圈，有些个体甚至两圈。**食物：** 常以乌贼、鱼类、樽海鞘及甲壳类为食。**栖境：** 南半球的各大海洋，集中生活在南美洲的西海岸和东海岸，栖息于海岛周边的丛生草原、高原、山脊上。

繁殖 每两年繁殖一次，11～12月繁殖，交配前常在草原、高原或山脊上筑巢，在集中交配、产受精卵，由雌雄双亲共同孵受精卵并哺育后代。受精卵的死亡率极低，经过一段时间后孵化出雏鸟；经过5个月的精心抚育，雏鸟长出坚实的羽毛，能出窝在风浪中独立生活。

南方大海燕

生活环境：海岛周边

　　南方大海燕的体型硕大，常生活在南方海岛附近，腿粗壮有力，翅展很长，无论在空中还是陆地上，都能活动自如，常常可以躲过天敌的追杀。即使是在陆地上筑巢时，它也有自己的"杀手锏"，可以释放出难闻的原油般的气味，以恐吓敌人来保卫自己。

形态 南方大海燕体型较大，体长86～99厘米，雄性大于雌性，翼展185～205厘米。身体呈灰色或黑色；喙呈钩状，顶端有鼻孔形成的两条管道。黑色个体的头、颈部及前胸颜色较浅，翅的末端为斑驳的灰褐色；颜色较浅的个体，身上的白色部分均带有少量的黑色小斑点；腿非常粗壮，为灰褐色。

习性 **活动：** 善飞行，在陆地上行走非常迅速，可做远距离运动。**食物：** 食腐鸟类，以乌贼、磷虾、海洋中的垃圾碎屑、腐烂的尸体及海鸟为食。**栖境：** 从南极洲到亚热带的智利、非洲和澳大利亚范围内的海岛周围，常在陆地上筑巢。

繁殖 从出生到性成熟需要6~7年，但一般在第10年才开始繁殖，雌雄交配前，先在裸露的地面或草地上筑巢，巢是由泥沼和枯草建成的，除了生活在马尔维纳斯群岛的群体外，其他地方的群体通常生活得很稀疏；每次都只生产一个受精卵，孵化期为55～66天，孵化出的小鸟经过104～132天后可长出羽毛。

喙，大部分为黄色，尖端为绿色

暴雪鹱　▶　鹱科，暴雪鹱属　|　*Fulmarus glacialis* L.　|　Northern fulmar

暴雪鹱

生活环境： 冷水海域、繁殖期间登陆

　　暴雪鹱非常勤劳，常毫不疲倦地在海洋上空飞翔，累了则栖于海面随波逐流，或将头、嘴插在翅下睡觉。它生性较大胆，不怕人，遇危险时能从嘴中喷射出一种黄色液体进行自卫，受伤后一般会游泳逃走。

暗色型体色为烟灰色，点缀有灰色或褐色

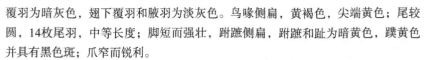

形态　暴雪鹱体长450～480毫米；翅展300～350毫米。雌雄相似，身上羽毛厚密而硬。上体灰色，有时带一点褐色；飞羽和翅上覆羽为暗灰色，翅下覆羽和腋羽为淡灰色。鸟喙侧扁，黄褐色，尖端黄色；尾较圆，14枚尾羽，中等长度；脚短而强壮，跗蹠侧扁，跗蹠和趾为暗黄色，蹼黄色并具有黑色斑；爪窄而锐利。

习性　**活动：** 白天黑夜均可在海洋上空飞翔，时而紧贴海面快速振翅，时而两翅不动在汹涌海浪上低空滑翔，飞行极为轻快灵活，很少在陆地上活动。**食物：** 以各种小型鱼类、鱼卵、软体动物、甲壳类、其他海洋无脊椎动物以及腐肉、鲸和鱼内脏以及其他死动物为食。**栖境：** 冷水海域，繁殖期间才登陆。

繁殖　每年4月末5月初繁殖，成群一起营巢，很少有单对孤立繁殖。到达繁殖地后开始求偶，开始时雌雄鸟不断地有节奏地从水中跳跃，然后伸开两翅冲出水面，

栖息在悬崖石壁上或地洞中

依靠两翅扇动朝前运动，同时发出鸣叫声。雌雄交配后产受精卵，每窝产1枚，偶尔有2枚。受精卵为卵圆形，白色，具红褐色斑。雌雄亲鸟轮流孵受精卵，孵化期42～49天或56～60天。

| 海鸥 | ▶ | 鸥科，鸥属 | *Larus canus* L. | Common gull |

海鸥

生活环境： 水边地面、水中小岛、芦苇堆和山丘上

20世纪中叶，欧美上层社会的贵妇人都爱戴有白羽毛装饰的帽子，海鸥便成了猎手的目标。事实上，它是人类的朋友：它们会群集在失事舰船上空鸣叫，引导人来援救；它们是海上安全"预报员"，常落在浅滩、岩石或暗礁上群飞鸣噪，警示提防撞礁；它们爱沿港口出入飞行，在大雾弥漫天引导船只入港；它们是天气预报员，贴海飞时未来天气将晴好；沿着海边徘徊时天气将变坏；高高飞翔且成群结队地从大海远处飞向海边或聚集在沙滩上或岩缝里，预示着暴风雨将来临。

身姿健美，惹人喜爱，身体下部的羽毛就像雪一样晶莹洁白

形态 海鸥体型中等，虹膜黄色，嘴绿黄色，雌雄羽色相似，整体呈白色，头、颈、胸及两肋具浓密褐色纵纹，翅膀灰色，尾羽黑色，脚绿黄色。

习性 **活动：** 性机警，喜群体活动，在海边、海港、渔场上飞行、游泳、觅食，爱低空飞翔。鸣声高而细。**食物：** 主要吃昆虫、软体类、甲壳类、小鱼、剩饭残羹等。**栖境：** 筑巢于水边地面、水中小岛、芦苇堆和土丘上，由枯草、海藻、细枝、羽毛等构成，呈浅盘状，较简陋。

繁殖 每年4~8月繁殖，每窝产受精卵2~4枚；雌雄亲鸟轮流孵受精卵，孵化期22~28天。

▶ 别名：不详 | 自然分布：欧洲、亚洲至阿拉斯加及北美洲，我国东北、华东、华南、海南、台湾

银鸥

飞翔极为轻快敏捷，也擅长游泳，也能在地上行走

生活环境: 苔原、荒漠、草地上的河流、湖泊、沼泽以及海岸与海岛上

银鸥的叫声在北半球是出了名的，叫声中包括响亮的kleow klaow-klaow-kla-ow…的大叫及短促的嘀嘀咕咕声ge-ge-ge；繁殖期时会在繁殖地驱赶其他入侵者，此时发出愤怒的ping声以吓跑敌人。

形态 银鸥体长550~677毫米。头、颈白色，背、肩、翅上覆羽和内侧飞羽为鼠灰色，腰、尾上覆羽和尾羽白色；初级飞羽黑褐色，第一枚和第二枚初级飞羽具宽阔的白色次端斑和白色端斑，羽端为白色；内翈基部具灰白色楔状斑，依次往后初级飞羽基部灰白色楔状斑变为蓝灰色，且扩展到内外翈，且越往内灰色范围越大，黑色范围越小；次级和三级飞羽灰色，具白色端斑；下体白色，脚粉红色或淡红色；幼鸟第一年冬羽主要为黑褐色，头、颈、上体和下体具灰褐色斑点。

嘴黄色，下嘴先端具红斑

喜食鱼类，又称为"叼鱼狼"

习性 **活动：**候鸟，可做远距离迁徙，常成对或成小群活动在水面上或在水面上空飞翔。**食物：**常食鱼、水生无脊椎动物、海上垃圾、鼠类、蜥蜴、动物尸体、鸟卵及雏鸟。**栖境：**夏季常栖息于苔原、荒漠和草地上的河流、湖泊、沼泽以及海岸与海岛上，冬季栖息于海岸及河口地区，迁徙期间也出现在大的内陆河流与湖泊附近。

繁殖 繁殖期为4~7月，成群营巢，也成对分散单独营巢，每窝产受精卵2~4枚，雌雄轮流孵受精卵，孵化期为25~27天。

| 海鸠 | ▶ | 鸥科，鸥属 | *Uria aalge* Pontoppidan | Common murre |

海鸠

生活环境： 群岛、岩石海岛、悬崖壁、海栈附近

　　说起海鸠，我们不由会想起它那被称为"不倒翁"的蛋——蛋被产在峭壁上，那儿风特别大，足以刮跑鸟蛋，但当狂风吹来时，海鸠蛋只会原地滴溜溜地打转，像个不倒翁一样，绝不会被风刮跑。

除繁殖时期外很少上岸，体形略似鸠鸽，又名"海鸽"

形态 成年海鸠体长约40厘米，翅展61～73厘米，翅膀又窄又短，翅膀上面为黑色，下面为白色；繁殖期头部的羽毛为黑色，嘴较尖，颜色深灰色，少数个体为浅黄色；面部为白色，眼后带一个深色的刺；脚为灰色；圆尾较短。

习性 **活动：** 善于潜水捕鱼，会潜入30～50米以捕获小鱼，有时潜到89米深。**食物：** 以鱼类和海生甲壳动物为食，如北极鳕、小海鱼、砂枪鱼、鲱鱼、玉筋鱼、大西洋鲱等。**栖境：** 北美和太平洋沿岸地区的群岛、岩石海岛、悬崖壁和海栈附近。

繁殖 一夫一妻制，4～6岁时繁殖。繁殖期时雄性常垂直地点头或鸣叫来吸引雌性，然后与雌性相互鞠躬、嘴互相接触或梳理羽毛等。雌雄交配后会摈弃鸟巢，在5～7月把陀螺形受精卵产在海岸光滑的悬崖边缘上。每个受精卵的颜色不同，由双亲轮流孵受精卵，各看守28～34天；雏鸟孵化后第10天开始长出绒毛，以维持体温，但仍需双亲喂食，直至可独立生活。

▶ | 别名：海鸠、扁嘴海雀 | 自然分布：北美、欧亚大陆、非洲北部、太平洋诸岛屿及中国台湾等

大贼鸥

生活环境： 繁殖期在临近海边的草地、原野及海岛上，非繁殖期在开阔海洋或近海、河口及内陆湖泊

大贼鸥常盗食各种海鸟的卵和幼鸟，即使在自己的种群中也常常抢夺对方的食物，当一只大贼鸥捕捉到食物后，其他贼鸥立刻追赶而去，企图在同类嘴中夺取食物。

形态 大贼鸥成体体长50～58厘米，翅展125～140厘米；后颈羽毛又长又尖，羽轴为淡黄色，夏羽上体为暗褐色，肩上有些许淡黄色，背上有黄色或赭棕色条纹或斑点，尾上覆羽具长形棕色斑纹，翼角为黑褐色，其余翅上覆羽同背，但斑纹不明显；飞羽为黑褐色，初级飞羽基部白色，在翼上形成明显的白斑；冬羽后颈羽毛末端较钝并有些延长，背部和下体黄色消失，羽色较淡；尾较短圆，中央尾羽稍微突出于外侧尾羽。幼鸟和成鸟相似，但体色较成鸟暗，上背、肩和翅上覆羽具淡色斑。

习性 **活动：** 常单独或成对活动，在海面上空飞行时有力而快，善于游泳和在地上活动但不会潜水，可长时间伴随海上航行船只飞行。**食物：** 常以蠊、各种海鸟、兔子、啮齿类、鸟卵、雏鸟、鲣鸟及鸥等为食。**栖境：** 繁殖期间常栖于临近海边的草地、原野及海岛上，非繁殖期常栖于开阔海洋或近海、河口及内陆湖泊。

繁殖 繁殖期在北半球为5～7月，南半球为12月到翌年3月，常成对或成松散的群落营巢于开阔草地上凹坑内，巢呈碗状，内垫有枯草和其他植物材料；每窝产2枚受精卵，橄榄褐色、灰色、白色、淡蓝色或绿色，受精卵上有暗色斑点，为长卵圆形，大小为（63～76）毫米×（44～52）毫米，由雌雄亲鸟轮流孵受精卵。3年后性成熟。

黑剪嘴鸥 ▶ 剪嘴鸥科，剪嘴鸥属 | *Rynchops niger* L | Black skimmer

黑剪嘴鸥

生活环境：大江大河、湖泊、海滨

　　黑剪嘴鸥的下喙比上喙长，是世界上唯一一种下喙比上喙长的鸟类，看上去像是一把大剪刀。鸟喙的大部分为黑色，所以，人们根据它的这一特点，将它命名为"黑剪嘴鸥"，它也是世界上唯一一种瞳孔和猫的瞳孔相似的鸟类，这种结构有利于保护眼睛。

形态 黑剪嘴鸥体长50～58厘米，翅展125～140厘米；喙基部的一半为红色，其余大部分为黑色，下喙比上喙长；眼虹膜的颜色为深棕色，有与猫一样的瞳孔；腿为红色；成体繁殖期间，头顶、颈部、身体的上半部为黑色；前额和身体的下面为白色；尾部为深灰色，边缘为白色。

习性 **活动**：常在黄昏和夜间活动，飞行敏捷和快速，但身体并不强壮，在水面飞行时双脚悬于水上，以刀状嘴在水面觅取食物。**食物**：常以小鱼、小虾、其他小型甲壳动物、浮游生物等为食。**栖境**：亚洲、非洲、美洲的热带和亚热带淡水流域和沿海地区，栖息于大江大河、湖泊及海滨。

繁殖 集群营巢繁殖，巢松散地分布在沙地的凹陷处，每窝产受精卵2～5枚，黄色的受精卵上面带有黑色的斑点，还有一些蓝色的受精卵，由两性亲鸟轮流孵化，中午高温时亲鸟交替频繁；经一段时间后孵化出雏鸟，小剪嘴鸥出生后要靠父母喂养6周，雌雄亲代鸟通常在白天喂食，夜间几乎不喂食。

▶ 别名：不详 | 自然分布：北至美国东部，南至南美洲最南部

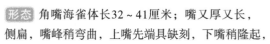

角嘴海雀　▶　海雀科，角嘴海雀属　|　*Cerorhinca monocerata Pallas*　|　Rhinoceros auklet

角嘴海雀

生活环境：海岛、海岸和附近洋面，非繁殖期
　　　　　在不冻的海洋

　　角嘴海雀像其他海鸟一样，能颇优雅地从
海面飞过。它们以那"多功能"的大嘴著名。
首先，到了繁殖季节，嘴会变得尤其大、明
亮、醒目，仿佛告诉未来的配偶自己可以承担
起家庭重任了，其次它的嘴还能捉鱼、装鱼，来
捕获美食，还能用嘴来保卫领土，可以算得上是
"一嘴多用"。

头侧有两条由长而窄的白色
丝状饰羽组成的白色纵纹

形态　角嘴海雀体长32～41厘米；嘴又厚又长，
侧扁，嘴峰稍弯曲，上嘴先端具缺刻，下嘴稍隆起，
嘴呈橙色，繁殖期嘴基有角质突起；鼻孔呈细裂缝状，位于嘴基部，其上覆有皮
膜；夏羽额、头顶、后颈、背、肩、翅和尾黑褐色；脸、颊、颔、喉、胸和两肋
灰褐色；腹和尾下覆羽为白色；冬羽和夏羽相似，但嘴基无三角形肉垂，头侧也
无白色饰羽；尾羽16枚，呈短圆形；脚黄色。

习性　**活动：**常成小群活动，善于游泳和潜水，潜水时靠两翅推动，一般不作长距
离迁徙，仅在非繁殖期进行短距离游荡。**食物：**以鱼、磷虾、鱿鱼、其他小型甲
壳动物及浮游生物等为食。**栖境：**夏季常栖于海岛、海岸和附近洋面上，非繁殖
期则主要栖于不冻的海洋中。

繁殖　繁殖期为5～7月，常成群营巢于生长
有草本植物、土壤层厚的海岛上或在斜坡
上掘洞营巢，巢内垫有枯草。每窝产
受精卵1枚，白色，光滑无斑或具
蓝紫色斑点，孵化时，雌雄亲鸟
常轮流趴在受精卵上，孵化期平
均为35天；雏鸟在两个月内需要
父母来喂食。

▶　别名：不详　|　自然分布：西伯利亚、阿拉斯加、日本北海道、韩国沿海及中国辽宁旅顺

| 帝企鹅 | ▶ | 企鹅科，王企鹅属 | *Aptenodytes forsteri* Gray | Emperor penguin |

帝企鹅

生活环境： *南极*

在南极冰川，成群的帝企鹅聚集在一起，金色的太阳将碧蓝的"宫殿"照耀得辉煌壮丽，千万只帝企鹅好像神秘国度的臣民，一个个穿着全黑的"燕尾服"和银白色的"衬衣长裤"，脖子上再系一个金红色的"领结"，精神饱满，举止从容，一派君子风度。

雌雄企鹅轮流喂养幼雏

形态 帝企鹅体型大，头黑色，嘴下鲜橘色，颈部淡黄色，耳羽鲜橘色。雌雄羽色相似，全身就像披着黑白分明的大礼服，腹部乳白色，背部及鳍状肢黑色。雄鸟双腿和腹部下方之间有一块布满血管的紫色皮肤的育儿袋。

习性 **活动：** 性喜群居，活动区域主要有两处，一处为饮食区，一处为距南极浮冰区50~120千米的居住或繁殖区，在那里10~100只挤成一团，外圈的面朝圈里以抵抗寒冷。善潜水，可潜至水底150~250米。**食物：** 以甲壳类动物为食，偶尔也捕食小鱼和乌贼。**栖境：** 南极冰雪天地，不筑巢，但会寻找集体繁殖地。

繁殖 每年3~8月繁殖，一雄一雌制，每年只有一个伴侣，每次产受精卵1枚，产受精卵后雌企鹅返回食物丰富的海洋补养身体；雄鸟把受精卵放在育儿袋中，孵化期60~65天，孵出后会反刍出一种白色分泌物喂养小企鹅，雌企鹅返回时用嗉囊里的食物喂雏。

▶ 别名：皇帝企鹅 | 自然分布：南极大陆南纬66° ~77° 之间

南跳岩企鹅

生活环境： 亚南极岛屿、多岩石的岛上

南跳岩企鹅跳跃能力极强，可大步地向前跳跃，一步可以跳30厘米高，这种行走方式对它们来说非常有利，可借此越过小丘，跨过坑穴，是所有企鹅中的攀越能手。

头顶上有个明亮的冠子

形态 南跳岩企鹅体型较小，体长45～50厘米。身体黑白相间，上面为岩石灰色。浅黄色的直眉毛一直延伸到眼睛上方翎毛处，眼睛红色；嘴较短，红色，上嘴弯曲。

习性 **活动：** 善跳跃，一步可跳30厘米，可筑巢在松动的石块上，或陡峭的岩壁间，并在其中跳跃，是攀越能手。**食物：** 常以磷虾、鱿鱼、章鱼、发光灯笼鱼、软体动物、其他小型甲壳动物及浮游生物等为食。**栖境：** 岩石耸立、高低不平的新西兰亚南极岛屿上，或非洲和南美洲南端多岩石的岛上，通常在远离浮冰、比较温暖的亚南极繁殖后代。

繁殖 成群繁衍后代，并且它们每年都会返回到同一片繁殖区，而且经常会返回同一个巢穴，甚至通常都会寻找去年的伴侣来繁殖，繁殖期在7～11月，雌鸟每次产2枚受精卵，但一般只有第二枚受精卵被孵化。亲鸟轮流孵受精卵10～15天，孵化期约为35天；小南跳岩企鹅生长得比较快，在破壳10周后便可以下海游泳。

眼睛上方和耳朵两侧金黄色的翎毛

中文名称索引

英文名称索引

拉丁名称索引

参考文献

［1］玛丽·格林伍德. 翻开海洋动物. 北京：科学普及出版社，2017.

［2］(美)帕姆·沃克，伊莱恩·伍德. 濒危的海洋动物. 王子夏. 顾燃译. 上海：上海科学技术文献出版社，2014.

［3］徐帮学. 海洋动物与生存趣话. 北京：化学工业出版社，2015.

［4］李炎锋. 海洋动物. 北京：北京工业大学出版社，2012.

［5］史蒂芬·杜朗. 海洋：大自然的生命故事. 北京：电子工业出版社，2018.

［6］孙向军. 名贵热带观赏鱼品鉴. 北京：中国农业出版社，2016.

［7］李东哲. 海洋动物图鉴. 吉林：吉林科学技术出版社，2014.

［8］刘敏，陈骁，杨圣云. 中国福建南部海洋鱼类图鉴. 北京：海洋出版社，2014.

［9］张素萍. 中国海洋贝类图鉴. 北京：海洋出版社，2008.

图片提供：

www.dreamstime.com